女子韓式食養餐桌

主餐＋風味蔬食
湯品＆鍋物＋飯＆麵

青山有紀◎著

前言

韓國女性為什麼如此神采奕奕？
某一天，我腦中突然湧現這個疑問，
決定前往首爾寄宿，學習韓國藥膳，也就是「韓方」。
就在出發前夕，因為忙著處理餐廳與料理教室等事務，
身體不適，不停咳嗽，最後連聲音都啞了。
當時寄宿家庭的大嬸一見到我生病，
立刻手腳俐落地以梨子、生薑、白蘿蔔與肉桂煮湯，
叮嚀著我：「喝下這個。」
這道湯的口味層次豐富，彷彿貫穿全身，
不僅咳嗽停止，喉嚨也不再那麼疼痛，身體舒服許多。
瞬間覺得：韓方，果然厲害！

此後，大嬸每天都在廚房教我作菜。
我慢慢瞭解到，對韓國人而言，

以食物調養身體是理所當然的事。
所謂「韓方」，並不是使用什麼特別的食材，
而是在日常飲食中，自然而然地落實食療的概念。
韓國女性何以神采奕奕？答案就在一日三餐。
食得健康，每天就會感到很充實、活力充沛。
好好地吃，盡情地笑，肌膚也會變得漂亮！

本書除了介紹「韓方」之外，
也分享如何善用手邊食材製作養生料理。
韓國料理與日本料理有不少相近之處，
請務必試著作作這些能夠為你帶來元氣的美味料理！

青山有紀

살 때 원산지 확인! 팔 때 원산지 표시!
종길상회
38호
공주상회
35호
광산상회
도형상회
선물
이바지

目次

COLUMN.1

風味蔬食

COLUMN.2

湯品&鍋物

COLUMN.3

飯&麵

COLUMN.4

韓方の日常

◎關於本書食譜

＊1大匙是15cc、1小匙是5cc、1杯是200cc。

＊適量是指試過味道後隨個人喜好調整的分量。

＊材料中的「酒」使用無鹽的日本酒，「鹽」則是天然鹽。

韓方の故事

顧名思義，「韓方」源自於韓國，
以藥膳概念為基礎，發展出一套飲食養生智慧，
其中蘊含了韓國代代相傳的歷史與文化。

什麼是「韓方」？

韓國特有料理 融入藥膳智慧

日語「かんぽう」一般指「漢方」這兩個字，但同時也是「韓方」二字的發音。漢方是中國的藥膳，而本書介紹的是韓國的藥膳，所以稱之為「韓方」。好幾年前，我先學習了中醫，也就是漢方，並取得國際中醫藥膳師的資格。其實韓方和漢方在藥膳理念上是一致的，也就是「醫食同源」，透過食物來維持健康，只是因為食材與調味料會隨著國家而有所不同，料理也就隨之產生差異。換言之，所謂「韓方」就是融合藥膳智慧並使用韓國特有食材與調味料的料理。

我生長於京都，祖父的故鄉則是韓國，我們家餐桌上大約有一半是季節性的韓國料理，與和食並列完全沒有違和感。藉由到首爾學習韓方，讓我重新認識到，母親的家常料理恰恰就是融入了藥膳理念的韓方。母親總是用心呵護家人的健康，如果誰感冒了就有溫熱的湯品可喝，如果胃不舒服就有地瓜粥可吃，有助於消化、提升胃腸功能……這些母親時時費心製作的健康料理，已經是我日常生活中的一部分。

或許正是這樣的成長背景，現在的我若因為出國等原因而感到疲倦時，就會特別想吃韓國料理。這大概是疲倦的身體正在渴望著「韓方」吧？

女人的養生之道
貴在氣血充足

女人平均每個月都會有生理期，此時身體的「血」較為不足，如果再加上寒氣與壓力，易造成「氣」的循環變差，就容易為貧血與生理痛所苦。

預防的重點在於補充氣血、促進循環。一般而言，如果腸胃不好就容易手腳冰冷，這是源於身體無法順利地消化食物，食物無法順利轉換為氣與血。當氣不足，血液循環就會降低。如果腸胃功能不佳，吃進身體的食物就不容易發揮效果，所以促進消化是首要之務，應該積極攝取能溫熱身體與健胃整腸的食材。

面對痛不欲生的生理痛，似乎很多日本女性只是服用止痛藥來逃避痛覺。其實，我以前也是這樣，可是這麼做無法根本解決問題，日後不知道還要繼續忍受疼痛多少年。與其一直依賴止痛藥治標，不如在日常飲食中加入韓方，除了能夠緩解不適之外，還能夠慢慢改善體質，日後生理期就能愈來愈平順地度過。

如果年輕時就能以韓方保養自己，隨著年齡增長，以後也比較不會有惱人的更年期障礙，幫助自己健健康康地跨過五、六十歲的更年期門檻。

韓國食養之道

多樣化的餐桌菜餚
展現韓方智慧結晶

來到韓國，最令人開心的是餐桌上那些裝在小碟子內的各式常備菜。一餐就能吃到多種食材，而這就是韓方的「五味五性」。五味指五種味道，五性是會讓身體溫暖或清涼等食材具備的特性。藉由攝取多樣化食材，幫助身體取得良好的平衡。

韓國的料理方式相當多元，同樣是蔬菜，有的可以製成涼拌菜等漬物，有的可以製成如泡菜那樣的發酵食品，自然而然就會吃下許多蔬菜。燒肉通常也會搭配大量葉菜類食用，以蔬菜葉將肉片包起來吃。聽說不少日本女性到了韓國，便祕的煩惱就自然而然消失了，這應該是多種蔬菜交互作用而產生的保健效果。

湯品是韓國人最不可少的料理，酷夏喝參雞湯可幫助出汗降溫，預防熱疾上身；如果有貧血傾向，則熬煮帶骨牛肉湯；產後喝具排毒效果的海帶芽湯……各種湯料理不勝枚舉，而且大多都帶有保健功能。以湯代藥，這儼然是飲食養生的代表。配合當下的身體狀況選擇適合的湯品，對於改善身體、緩解不適絕對有幫助。

藉由飲食追求健康與美麗已經是生活的一部分

韓國料理重視季節的變化，鼓勵食用當令食材。如果餐桌上有肉類，就會搭配大量的蔬菜，海藻、豆類更是不能少，味噌與泡菜等發酵食品則是常民飲食。韓國料理中會頻繁地使用紫蘇等有香氣的蔬菜，且時時用心於「養氣」，重視提升身體的整體循環。飯中會加入有益於健康的枸杞與紅棗等，經常以具藥效的樹根煎煮成茶飲……這些飲食習慣無不落實著韓方的理念，在生活中自然地融入食養精神，而這正是韓國家庭料理之所以迷人的原因。

韓國人經常食用的食材與以前日本人的飲食也多有相同，只不過，在日本那些被稱為「日本老奶奶智慧」的傳統正在流失中，反觀韓國人，則是從母親身上自然而然地繼承了韓方精神。

所謂「肌膚是腸道的鏡子」，胃腸功能不好，皮膚就容易長痘子、變得粗糙，貧血也會導致肌膚暗沉、毛髮乾燥，可見美麗與健康息息相關。韓國女性深知保持健康才會變美的道理，很多人看起來比實際歲數還要年輕。在韓國，從年輕女子到大嬸幾乎個個活力十足，原因就在於好好吃飯照顧自己。

韓國料理の 元氣食材

A 韓國冬粉

韓國冬粉的原料是地瓜粉，口感Q彈，比綠豆製的冬粉更有彈性與嚼勁，加熱烹煮後也不易變得軟爛。形狀上有扁平的寬冬粉與細冬粉等，在韓國市場可買到其他國家較少見的種類。水煮後可作成涼拌菜、拌入雜菜，也可取代麵條，在料理最後加入鍋物或炒牛肉中，讓冬粉吸飽湯汁，就是一道令人垂涎欲滴的美味佳餚。

B 韓國年糕

韓國年糕的主要原料是粳米，年糕形狀主要有兩種，一種是橢圓形薄片，一種是細長的圓柱狀。相較於以糯米作成的年糕，韓國年糕較不易煮爛，也較好消化，能夠為身體補「氣」，帶來能量。在韓國，年糕湯是過年或慶賀時常作的一道料理，未使用完畢的年糕可泡水冷藏保存。

C

韓國小南瓜

有別於我們常見的南瓜，韓國小南瓜的外觀像櫛瓜，呈長條狀，也不像一般南瓜那麼甜。韓國人為了將兩者加以區分，把我們常見的南瓜稱為「甜南瓜」。韓國小南瓜吃起來脆脆的，常用於小火鍋、炒物或南瓜煎餅等料理上，不傷胃且有助於緩解水腫。

D

韓國辣椒

比日本產的辣椒大且帶有甜味，在藥膳概念中屬於「熱性」食材，比「溫性」食材更能溫熱身體。由於能促使身體發熱出汗，驅除病菌等「邪氣」，有助於提高免疫力，並可幫助預防感冒。有偏辣與偏甜的種類之分。

E 銀杏

銀杏是秋天的產物，而秋天正是乾燥的季節，銀杏可緩解因乾燥引起的喉嚨痛與乾咳，守護不耐乾燥的肺。有補氣作用，為元氣食材之一。每到入秋時節，韓國的街頭就能看到販售炒銀杏的攤販。

F 黃豆芽

黃豆芽可補氣、消水腫。因為是大豆類食材，也有助於美肌與預防更年期障礙。在藥膳概念中，會發芽的食材代表生命能量強大，建議體弱者多食用。韓國人習慣會在早餐喝黃豆芽湯，幫助胃腸變得清爽。

G 明太魚乾

由黃線狹鱈曬乾製成，可修護疲勞的胃。明太魚湯有助於解宿醉，甚至設有專賣店。有時感到疲倦，我會為自己煮一道魚乾湯，鍋中盛冷水，放入明太魚乾，煮成熱湯後再加豆腐，熄火後就完成了。魚乾的鮮味會使得湯汁滋味層次豐富，喝起來相當舒服。

H 小魚乾

韓國以熬湯用的小魚乾為主，種類繁多。沙丁魚乾燥後，能補氣血與溫熱身體，兼具延緩老化的作用。摘去頭部與內臟，從冷水開始慢慢熬煮，煮時可裝入小的紗布袋內，等湯熬好之後，很快就能將小魚乾取出來。

I 牛肉

牛肉在韓國是高價食材，多半只在特別的場合才有機會端上桌，但是當身體疲勞時，一般人也會喝牛腱、牛骨及牛尾湯。牛肉有補氣血的作用，對女性而言，可預防貧血與手腳冰冷。尤其是牛腱與牛尾等是牛隻經常運動的部位，補氣的功效不可小覷，能夠幫助身體湧現元氣。這些韓國人經常食用的牛肉部位大多屬於肌肉，口感較硬，但富含膠質，燉煮至軟嫩後就會變得美味可口。

一般家庭會一次多煮一些牛肉高湯，可直接喝湯，也可冷卻後當作冷麵或麵疙瘩等的湯底。牛肉自湯汁中取出後，以蔬菜包起來，或以醬油、醋、大蒜與紅辣椒調成的醬汁醃漬，很適合配飯，也能當作下酒菜。肉和湯都能善盡其用，這也是韓方的料理智慧。

主菜

扮演菜單主角的不只是肉與海鮮，
還均衡地搭配蔬菜。
韓式的辛辣調味很開胃，相當下飯。

燒肉

家裡面人多時經常吃燒肉，韓國燒肉以豬肉居多，如果選用牛五花肉，就會更有宴客的感覺。青山家自製的醬汁是以溜醬油為基底，味道甘醇不死鹹（溜醬油是以大豆為主原料，不加小麥或僅使用少量小麥的醬油）。葉片中還包入了滿滿的蔬菜與調味料，營養相當均衡。

材料（易作的分量）

和牛五花肉（燒烤用）…300g

A
- 黍砂糖…1又1/2大匙
- 溜醬油…1大匙
- 醬油…2小匙
- 酒…1大匙
- 芝麻油…1小匙
- 大蒜（磨泥）…1/2小匙
- 青辣椒（切末）…1/2條

涼拌蘿蔔
- 白蘿蔔…100g
- B
  - 辣椒粉…1小匙
  - 醋…2小匙
  - 黍砂糖…1/2小匙
  - 鹽…少許

涼拌蔥白
- 蔥（取蔥白部分）…1根
- C
  - 淡口醬油…1小匙
  - 芝麻油…1又1/2小匙
  - 白芝麻…1/2小匙

芙蓉萵苣（或紅葉生菜）、芝麻葉、茗荷、芽菜等…各適量

作法

❶以刀背拍打牛肉的兩面，再放入大碗內，加入材料**A**抓拌均勻。

❷白蘿蔔切成厚5mm的圓片，再疊起切絲，加入少許鹽巴（分量外）攪拌，軟化後輕輕抓拌，快速以水沖淨後擠乾，倒進大碗內，加入材料**B**拌勻。

❸蔥白斜切片泡水，揉軟後撈起擠乾，倒進大碗內，加入材料**C**拌勻。

❹將所有的蔬菜洗淨，盛放至容器內。

❺以烤網或不沾平底鍋燒烤步驟①的牛肉，烤熟後置於盤中。於生菜葉上鋪上芝麻葉，再疊放燒肉、涼拌蘿蔔、涼拌蔥白及其他蔬菜，包捲起來即可食用。也可依喜好夾入泡菜。

蒜油澆淋蒸海鮮

韓國蝦醬是這道海鮮料理的重點。鋪底的海帶芽，除了增加湯汁鮮味之外，還有助於緩解水腫。蒸海鮮釋出的鮮美汁液，很適合拿來拌義大利麵。以歐芹提味，不論配飯或當下酒菜都很適合。

材料（2至3人份）

蛤蜊…200g
金目鯛等白肉魚…1片
蝦子…6隻
新鮮海帶芽…50g
酒…2大匙
韓國蝦醬…1小匙
歐芹葉（Parsley）…10g
大蒜…1瓣
鷹爪辣椒…1條
太白芝麻油…1大匙

作法

〔前置作業〕

蛤蜊浸入濃度3%的鹽水中，吐完沙後反覆搓洗外殼至完全乾淨。白肉魚片撒上一小撮鹽（分量外），靜置15分鐘以上再拭去表面多餘水分。蝦子去殼，以少許片栗粉（分量外，亦可使用太白粉）抓洗至不再流出黑色的黏液，擦乾，蝦背劃刀挑出腸泥。

❶鍋裡鋪上海帶芽，放入蛤蜊、鯛魚與蝦子。酒與蝦醬混合後淋上，蓋上鍋蓋以中火加熱。

❷歐芹葉切碎，大蒜切末，鷹爪辣椒切圈。取一個稍小的平底鍋，倒入蒜末與太白芝麻油，炒出香氣且蒜末略呈金黃色即熄火，加入鷹爪辣椒與歐芹葉拌勻。

❸待步驟①的蛤蜊殼打開，鯛魚也熟透後，即可熄火，最後淋上步驟②的食材即完成。

香辣紅燒烏賊與鵪鶉蛋

在韓國料理中，烏賊、小青椒（材料中的獅子唐辛子類似小青椒或糯米椒）與鵪鶉蛋是常見的組合。活用食材的特性，即可製作出一道放鬆心情的紅燒料理。烏賊可補血並促進循環，有助於改善生理不順等困擾。烏賊要快火炒，避免肉質過硬，炒好後放涼吸附醬汁，入味後再品嘗。

材料（2至3人份）

烏賊…夏天2杯，冬天1杯（隨大小調整）
鵪鶉蛋…10顆
獅子唐辛子…10條

A

大蒜（拍碎去芯）…1/2瓣
生薑（切片）…2片
酒…2大匙
醬油…3大匙
黍砂糖…2大匙
青辣椒…1/2條

作法

❶烏賊剝皮後，切成寬約1㎝的圈。觸腳先切掉最前端的部分，再將相連的觸腳分別切開。鵪鶉蛋水煮去殼，獅子唐辛子去蒂頭。

❷鍋中倒入100cc的水與材料**A**，開火加熱，待砂糖溶化後，將步驟①的食材全部倒入混合，烏賊快速拌炒後即熄火，避免肉質變老。放涼的過程中要不時攪拌，讓烏賊可均勻吸附醬汁。食用前可稍微加溫。

韓式蒸魚

鱈魚可促進體內氣血循環，建議搭配蔬菜與豆腐一起蒸煮。將鱈魚換成鯛魚或鱸魚也一樣美味。使用生薑與青辣椒調製醬汁，溫熱效果極佳。風味清淡不膩，令人胃口大開。

材料（2至3人份）

鱈魚…2至3片
白蘿蔔…80g
櫛瓜（或韓國小南瓜）…50g
鴻喜菇…50g
木綿豆腐…50g
生薑（切片）…3片
昆布（邊長8㎝）…1片
鹽…少許
酒…2大匙

醬汁

淡口醬油…1大匙
生薑（切末）…15g
青辣椒…1條

酢橘…2顆

作法

❶鱈魚每片各撒上一小撮鹽，靜置15分鐘，出水後以廚房紙巾擦乾。

❷白蘿蔔去皮，以刨刀削成薄片。櫛瓜切成厚約8㎜的圓片。鴻喜菇去除根部後拆成小朵。豆腐切成厚約1.5㎝的小塊。醬汁的材料混合備用。

❸鍋裡鋪上昆布與白蘿蔔，再放入鱈魚、櫛瓜、鴻喜菇、豆腐，疊上薑片，均勻撒上兩小撮的鹽。加酒，蓋上鍋蓋，以中小火蒸煮。冒出蒸氣後再加熱3分鐘，熄火，續燜約5分鐘，最後淋上酢橘汁、醬汁即可食用。

烤魚佐藥念醬

常吃的烤魚配上韓式藥念醬，美味指數立刻上升。鯖魚的美味自不在話下，換成沙丁魚或秋刀魚也很對味。藥念醬若未使用完畢，可另拌豆腐或燙青菜食用，屬於作法簡單又百搭的萬用醬料。

材料（2人份）

鯖魚…2片

藥念醬

- 蔥（切末）…5cm長
- 生薑（切末）…1小塊
- 大蒜（磨泥）…1/4小匙
- 醬油…2小匙
- 味醂…1小匙
- 芝麻油…1小匙
- 辣椒粉…1小匙

炒白芝麻、小蔥（切蔥花）…各適量

作法

❶在鯖魚的表面劃數刀，烤至熟透且散發焦香即盛盤。

❷將拌勻的藥念醬鋪在烤熟的鯖魚上，最後撒上白芝麻與蔥花即完成。

甜辣椒鑲肉

甜辣椒顧名思義就是不會辣的辣椒，常使用京野菜中的「萬願寺甜辣椒」來製作這道菜。韓國也有不少鑲肉料理，作法簡單又美觀，我很喜歡，很適合作為便當菜。

材料（2至3人份）

萬願寺甜辣椒（大）…6條

（或獅子唐辛子…約20條）

低筋麵粉…少許

A ※充分混合

- 絞肉…150g
- 全蛋液…2大匙
- 洋蔥（切末）…1/4個
- 大蒜（磨泥）…1/4小匙
- 鹽…2小撮
- 白胡椒粉…適量

醬汁

- 醬油…1大匙
- 芝麻油…1小匙
- 白芝麻…1小匙
- 辣椒粉…1/2小匙

作法

❶萬願寺甜辣椒以刀子縱向剖開，去籽（可少許殘留），以廚房紙巾擦乾表面的水分，內側撒上低筋麵粉。

❷將材料A分成6等分，分別塞入每一條甜辣椒中，排放於方盤。

❸將步驟②的方盤放進已冒出蒸氣的蒸具內，蒸5至8分鐘至肉熟後取出，最後淋上醬汁即可食用。也可依喜好配食芥末、醬油。

韓式燉牛排

這道燉牛排的韓語發音為Galbi jjim，是韓國傳統料理，jjim是蒸或燉的意思。一般使用帶骨牛肉，此處改用容易買到的五花肉塊。事先處理好牛肉，口感會軟嫩到令人驚豔！宴客時端上桌，肯定大獲好評。

材料（易作的分量）

和牛五花肉塊（或切得較大塊的肉）…500g
白蘿蔔…200g
胡蘿蔔…100g
栗子…6顆
銀杏…6顆
乾香菇…5g（須泡發，泡香菇水留著備用）

A

- 大蒜…1小瓣
- 酒…50cc
- 黍砂糖…2大匙

醬油…1大匙
溜醬油…3大匙
味醂…1小匙
紅辣椒…1條

作法

❶牛肉泡水約1小時，去除血水（**a**），再切成厚約1至1.5㎝的小塊，並以刀子在肉塊表面劃格狀（**b**），放進沸水中，表面變色即撈起瀝乾。

❷白蘿蔔滾刀切大塊放入鍋中，倒入足以淹過白蘿蔔的洗米水（或於水中加少許的米）煮至變軟。胡蘿蔔滾刀切得比白蘿蔔小塊，栗子與銀杏去皮。

❸取另一鍋，倒入牛肉、泡香菇水＋水（共300cc）、香菇、材料**A**，加熱煮開，撈去浮沫，蓋上鍋蓋以小火慢燉30分鐘。

❹步驟②的白蘿蔔撈出沖水，與胡蘿蔔一起倒入步驟③中，加入醬油、溜醬油。可於表面放一張吸油紙，蓋上鍋蓋再燉煮30分鐘。

❺待牛肉燉至軟嫩，拿掉吸油紙，去除浮油，放入栗子與銀杏，不加蓋轉大火，加入味醂與紅辣椒，調整至個人喜歡的味道，熄火即完成。

在牛肉表面劃格紋可加速肉質軟化。

炸豆腐夾肉

可補充力氣的豆腐，夾入牛肉油炸，成為分量感十足的一道佳餚。豆腐均勻沾裹低筋麵粉，即使不先擠乾水分也能炸得酥脆。麵衣添加氣泡水，可呈現出外酥內鬆軟的獨特口感。

材料（3至4人份）

木綿豆腐…1塊（300g）
和牛肉片…70g
低筋麵粉…適量
炸油…適量

A

蔥（切末）…10cm長
大蒜（磨泥）…1/4小匙
醬油…1/2小匙
鹽…1小撮
白胡椒粉…少許
芝麻油…2小匙

B

低筋麵粉…50g
氣泡水…80cc
鹽…1小撮
泡打粉…1/2小匙

醬汁

蔥（切末）…5cm長
醬油…1大匙
味醂…2小匙
白芝麻…1/2小匙
辣椒粉…1/2小匙

作法

❶牛肉剁碎，加入材料**A**抓揉均勻。

❷豆腐厚度先切成1/2，再切成適口大小（約切成16小塊）。以廚房紙巾擦除多餘水分，每兩塊豆腐為一組，中間夾入步驟①的牛肉。

❸在步驟②的豆腐表面撒上低筋麵粉，塗抹均勻。

❹將材料**B**倒入大碗內混合製成麵衣，步驟③的豆腐裹上麵衣油炸至表面金黃、酥脆後起鍋，盛盤並搭配拌勻的醬汁食用。

豆腐切成適口大小，中間夾入牛肉。

雜菜

雜菜是一道祝賀料理，我家裡人多時也常作這道菜。韓國冬粉由地瓜粉製成，搭配滿滿的當季蔬菜拌炒，呈現出五種美麗色彩。這是一道不論是熱食或冷食都美味的家常料理。

材料（2至3人份）

韓國冬粉…70g
和牛肉片…50g
乾香菇…10g（須泡發）
乾黑木耳…5g（須泡發）
洋蔥…1/2個
胡蘿蔔…50g
紅甜椒…1/2個
青椒…1個
小蔥…3根

A

醬油…2小匙
黍砂糖…1又1/2小匙
芝麻油…1小匙

B

淡口醬油…1小匙
鹽…1/2小匙
白胡椒粉…適量

蛋絲（參考P.82）…適量
白芝麻…適量

作法

❶乾香菇以100cc的水泡發，取50cc香菇水備用。香菇切絲，牛肉切成適口大小，兩種材料一起倒入大碗內，加入材料**A**抓拌均勻。黑木耳泡發後切絲，擠乾水分。

❷洋蔥切絲，胡蘿蔔切絲，紅甜椒與青椒也切成細長條，蔥切成5cm小段。

❸冬粉放入足量的熱水中煮軟，撈出沖冷水後切段。

❹將步驟①的香菇和牛肉倒入平底鍋內拌炒，待碎肉炒至略熟，加入黑木耳、洋蔥、胡蘿蔔翻炒。洋蔥稍微軟化後，加入紅甜椒與青椒輕輕拌炒，再倒入冬粉與50cc香菇水。整體拌勻後倒入材料**B**調味，最後撒上蔥段，熄火。可依喜好調整鹹度。

❺盛盤，鋪上蛋絲、撒上白芝麻即完成。

※韓國冬粉先泡一下水再煮，會比較快軟化。

韓式炒牛肉

韓式炒牛肉的韓語發音為BulGogi，Bul是火，Gogi是肉，以醬汁醃漬肉與蔬菜，食材事先調味，再全部倒入鍋中拌炒即可，作法十分簡單。外觀豪華有分量感，適合作為宴客料理。

材料（2人份）

和牛肉片…150g
洋蔥…1/2個
杏鮑菇…1根
蔥…1/2根
生薑（磨泥）…1大匙
大蒜（磨泥）…1/2小匙
鷹爪辣椒…1條（去籽切圈）
醬油…2大匙
黍砂糖…1大匙
酒…1大匙
芝麻油…2小匙
白胡椒粉…適量

白芝麻粉、辣椒絲、小蔥（裝飾用）…各適量

作法

❶牛肉切成適口大小，洋蔥切絲，杏鮑菇對半切兩段再切片，蔥斜切片。

❷將所有食材倒入大碗內，抓拌使食材均勻沾附調味料，醃漬約10分鐘。

❸將步驟②的食材倒入平底鍋中，開火拌炒至肉熟即可熄火盛盤，最後撒上白芝麻粉、蔥、辣椒絲即完成。

韓式燒魚

我祖父常吃燒白帶魚，對我而言這是一道充滿回憶的料理。作法簡便、不費時，口味層次十分豐富，我也因此變得愛吃魚。韭菜、大蒜、微辣醬汁，配飯超對味！白蘿蔔刨成薄片後烹調，快熟又易消化。

材料（2至3人份）

白帶魚…2至3片

白蘿蔔…100g

韭菜…1/3把

大蒜…1/2瓣

醬汁

- 醬油…1大匙
- 酒…1大匙
- 味醂…2小匙
- 辣椒粉…1至2小匙

作法

❶白蘿蔔去皮，以刨刀削成薄片。韭菜切成5㎝大段，大蒜切片。混合醬汁的材料。

❷在可平鋪白帶魚的鍋中倒入150cc的水與白蘿蔔，開中小火烹煮。

❸待白蘿蔔煮至透明，放入大蒜、白帶魚。魚身已熱時，淋入醬汁，慢火煮至食材入味，最後倒入韭菜，熄火盛盤即完成。

各式春捲：豬肉酪梨起司 & 蝦肉酪梨芝麻葉 & 雜菜

春捲的內餡除了泡菜、豬肉與蝦子，還可隨個人喜好置換食材。平時未食用完畢的雜菜也可包成春捲，打造出新風味。為了避免餡料溢出，包捲時可先鋪上海苔再放入餡料。

材料

豬里肌肉片（涮涮鍋用）、
　蝦子、酪梨、芝麻葉、起司、
　泡菜、海苔片…各適量
雜菜（參考P.36）…適量
春捲皮…適量
黑胡椒粉…適量
起司…適量
低筋麵粉…適量
炸油…適量

作法

❶蝦子去殼，以片栗粉（分量外，亦可使用太白粉）抓洗至未再出現黑色黏液，挑去腸泥，腹部斜向劃刀。酪梨去皮去籽，切成厚1cm的薄片。
❷在春捲皮鋪上切半的芝麻葉、蝦子、酪梨、黑胡椒粉及約1大匙的起司，捲起，以低筋麵粉加水製成的麵糊固定春捲封口。
❸春捲皮先鋪上海苔，再放上豬肉、泡菜、酪梨及起司，捲起，以麵糊固定封口。
❹春捲皮先鋪上海苔，再放上雜菜，捲起，以麵糊固定封口。
❺熱油，放入捲好的春捲炸至熟透、酥脆，起鍋盛盤即完成。

辣肉豆腐

日本家常菜肉豆腐加入苦椒醬（韓式辣椒醬，韓語發音Gochujang），調味上做些變化。苦椒醬的辣味與層次感令人食指大動。苦椒醬屬於發酵食品，有助於清腸、美肌。

材料（2人份）

和牛肉片…100g

豆腐…2/3塊（約 200g）

洋蔥…1/4個

酒…2大匙

A

水…50cc

醬油…1大匙

苦椒醬…1又1/2小匙

黍砂糖…1小匙

大蒜（磨泥）…少許

作法

❶牛肉與豆腐切成適口大小，洋蔥切成寬1㎝的薄片。

❷鍋中放入酒與牛肉，加熱拌炒。肉仍帶點血色時加入豆腐、洋蔥，淋上充分混合的材料**A**。

❸慢火滾煮，使煮汁入味，可再依喜好的鹹度添加醬油調味，熄火即完成。

高麗菜辣炒豬肉油豆腐

高麗菜有助於提升腸胃功能，豬肉則能活化腎功能與補血，以苦椒醬創造出韓式風味，適合疲倦時食用。加入油豆腐，口感多了一些變化，分量感也提升。

材料（2人份）

高麗菜…150g
豬五花肉片…50g
油豆腐（去油）…50g
洋蔥…1/4個
甜豆…4至5片
芝麻油…1大匙

A ※充分混合
苦椒醬…2小匙
酒…1大匙
醬油…2小匙
黍砂糖…1/2小匙
生薑（磨泥）…2小匙
大蒜（磨泥）…1/4小匙

作法

❶豬肉與高麗菜切成適口大小，洋蔥切成寬1㎝的薄片，油豆腐切成厚1㎝的小塊。撕去甜豆豆莢上下端的粗絲，以鹽水煮好備用。

❷平底鍋中倒入芝麻油燒熱，放入豬肉與油豆腐平鋪鍋底，待煎至兩面焦黃，加入高麗菜與洋蔥拌炒。食材熟透後加入材料**A**與甜豆，快速拌炒均勻，熄火盛盤即完成。

微辣酒蒸蛤蜊

於酒蒸蛤蜊中加入苦椒醬，創造出韓式風味。作法簡單卻層次豐富，湯汁也很鮮美。蛤蜊與西洋芹等排毒食材易使身體冷涼，配上溫熱性質的苦椒醬，食材的性質形成良好平衡。

材料（2至3人份）

蛤蜊…250g
西洋芹…1根（約100g）
大蒜…1/2瓣
芝麻油…1小匙

A ※充分混合
- 酒…2大匙
- 苦椒醬…2小匙
- 淡口醬油…1小匙
- 黍砂糖…1/2小匙

作法

〔前置作業〕
蛤蜊浸入濃度3%的鹽水中，吐完沙後反覆搓洗外殼至完全乾淨，確實洗淨後瀝乾備用。

❶西洋芹的莖斜切片，葉子切碎。大蒜切薄片。
❷平底鍋中倒入芝麻油與大蒜，加熱炒至散發香氣，倒入西洋芹葉輕輕拌炒至軟化，接著加入西洋芹莖與蛤蜊翻炒，淋上材料**A**，蓋上鍋蓋燜煮至蛤蜊殼打開即熄火。可依喜好添加淡口醬油調整鹹度。

豬肉炒泡菜

在韓國，豬肉炒泡菜是很能夠感受到泡菜美味的料理。無過多的調味，可充分品嘗到豬肉與泡菜的滋味。重點在於使用確實發酵的帶酸味泡菜，簡單的食材組合就能作出美味料理，也可添加當令蔬菜，一整年都能享用。

材料（2至3人份）

豬五花肉片…120g
泡菜…150g
杏鮑菇（大）…1根
洋蔥…1/2個
韭菜…1/2把
黃甜椒…1/2個
淡口醬油…2小匙
芝麻油…1小匙
白芝麻…適量

作法

❶豬肉切成5至7㎝長，泡菜與杏鮑菇切成適口大小，洋蔥切成寬1㎝的薄片，韭菜切成5㎝大段，甜椒切成寬1㎝的長條。

❷平底鍋中倒入芝麻油燒熱，放入豬肉平鋪於鍋底，杏鮑菇擺在肉片的空隙間，煎至焦黃（一開始不要過度翻動），加入洋蔥略微拌炒，再加入甜椒、泡菜，整體拌炒均勻。視泡菜的味道調整鹹度，最後加入韭菜拌勻即熄火。盛盤，撒上白芝麻即完成。

微辣炸雞翅

不管是大人或小孩都會很喜歡炸雞，配飯、當下酒菜兩相宜，每次聚餐端出炸雞，大家都好開心。加辣雖然可提味，但有些小孩或成人並不擅於吃辣，可省略辣椒與山椒，不必擔心減損美味。很適合作為便當菜。

材料（2至3人份）

雞中翅…5至6隻

低筋麵粉…適量

A ※倒入大碗內混合

- 醬油…1/2大匙
- 味醂…1大匙
- 大蒜（磨泥）…少許

B ※充分混合

- 辣椒粉…1小匙
- 山椒粉…1/3小匙
- 白胡椒粉…1/3小匙
- 白芝麻…1大匙

炸油…適量

作法

❶雞中翅剁半，撒上低筋麵粉後，以170℃的熱油炸至酥脆後撈起。

❷將炸好的雞肉倒入已混合的材料**A**中，拌勻，再拌入材料**B**即完成。

蔥絲蒸豬肉

蔥能夠溫熱身體，向來有「感冒特效藥」之稱，搭配豬肉與菇類，養生又美味。蒸物的魅力在於作法簡單，且蔬菜容易入口。豬肉先與鹽、芝麻油層層鋪入土鍋後再蒸，較能入味。食用時以肉片將蔬菜包起來，提醒自己攝取足量蔬菜。

材料（2至3人份）

豬五花肉片…150g
蔥…1根
金針菇…100g
杏鮑菇…1根
生薑…15g

A
鹽…1/2小匙
芝麻油…2大匙

酒…2大匙
鹽…少許
黑胡椒粉…適量

作法

❶蔥斜切片，金針菇切去根部，杏鮑菇對半切兩段再切片，生薑切絲。以上食材全部倒入大碗內，加入材料**A**混合。

❷將取1/3分量的步驟①，倒入土鍋內，再取1/3分量的豬肉（每片對半切成兩段）鋪入，撒上少許的鹽。重複3次，將所有食材放入土鍋中，淋酒，蓋上鍋蓋，開中小火蒸至冒出蒸氣再蒸3分鐘，熄火，燜5分鐘後即可掀蓋食用。食用時可撒上一些黑胡椒粉調味。

九折坂

韓國傳統宮廷料理九折坂（或稱九節板），因盛裝於九小格的餐盒內而得名，這道慶賀料理包括了山產、海產、五色與季節性食材，看起來很豪華，其實食材很簡單，滋味也很溫和，未添加大蒜與辣椒。擺盤時中間格子內放著餅皮，食用時包著配菜入口，享受多變的口感。

材料（易作的分量）

餅皮

- 低筋麵粉⋯1/2杯
- 蛋白⋯1顆（與水混合成100cc）
- 鹽⋯少許

配菜

- 蝦子⋯適量
- 炒牛肉（參考P.82）⋯適量
- 蛋絲（參考P.82）⋯適量
- 涼拌甜豆（參考P.53）⋯適量
- 干貝⋯適量
- 胡蘿蔔⋯適量
- 乾香菇⋯10g
- **A**
  - 砂糖⋯1小撮
  - 白胡椒粉⋯適量
  - 淡口醬油⋯1小匙
- 乾黑木耳⋯適量
- 芝麻油⋯適量
- 酒⋯適量

芥末醬⋯適量

作法

❶充分混合餅皮的材料製成麵糊。平底鍋以廚房紙巾抹上薄薄一層油，一次倒入約1大匙的麵糊，將麵糊攤成薄薄的圓形，兩面煎熟。依此作法煎製所需的餅皮。

❷胡蘿蔔切絲，黑木耳泡發後切絲，各別拌炒芝麻油，加鹽與少許白胡椒粉（分量外）調味。乾香菇泡發後瀝乾切絲，以1小匙芝麻油（分量外）炒香，再加入材料**A**調味。

❸蝦子以片栗粉（分量外，亦可使用太白粉）抓拌洗淨後，在腹部劃刀，挑去腸泥。干貝切片。蝦子與干貝分別加酒蒸熟。

❹製作蛋絲、炒牛肉、涼拌甜豆。

❺所有配菜皆準備好之後，擺盤。將各式配菜鋪放於餅皮上，依喜好加一些芥末醬後包捲起來即可食用。

時蔬涼拌菜

養生飲食注重食用當季的蔬菜。簡單調味即可製成涼拌菜，輕輕鬆鬆就能夠吃到各種蔬菜。這些涼拌菜也很適合作為便當菜。

春天の涼拌菜

涼拌甜豆

有助於緩解初春的水腫，口感清脆！

材料

甜豆…1袋

鹽…1小撮

芝麻油…1小匙

作法

❶撕去甜豆豆莢上下端的粗絲，以熱水煮熟後過冷水，瀝乾。

❷剝開豆莢取出豆仁。豆莢疊起切絲，與豆仁一起放入大碗，加入鹽與芝麻油調味即完成。

胡蘿蔔涼拌魩仔魚

選用春天採收、新鮮上市的胡蘿蔔，胡蘿蔔與魩仔魚有助於補氣血。炒過的胡蘿蔔相當甘甜。

材料

胡蘿蔔
…1根（約100g）

熟魩仔魚…20g

鹽…少許

芝麻油…1小匙

作法

❶胡蘿蔔削皮切絲。

❷芝麻油倒入小平底鍋燒熱，加入步驟①快速翻炒。趁胡蘿蔔絲未過於軟化時加鹽拌勻，熄火，倒入熟魩仔魚拌勻即完成。可依喜好調整鹹度。

西洋芹涼拌櫻花蝦

櫻花蝦的鮮味令人不可忽視。西洋芹有助於排毒。

材料

西洋芹…100g

櫻花蝦…5g

鹽…1小撮

芝麻油…1小匙

作法

❶西洋芹去除粗絲，斜切片，以沸水煮5至10秒，撈起瀝乾。

❷櫻花蝦乾煎後，與瀝乾的西洋芹一起倒入大碗內，加鹽與芝麻油拌勻即完成。可依喜好調整鹹度。

涼拌櫛瓜

櫛瓜有解熱作用，切成粗條可增加嚼感。

材料

櫛瓜…1/2條

鹽…2小撮

芝麻油…2小匙

辣椒粉…2小撮

白芝麻…1/2小匙

作法

❶櫛瓜切成粗條，汆燙後瀝乾放涼。

❷櫛瓜倒入大碗中，加鹽、芝麻油、辣椒粉、白芝麻，拌勻即完成。可依喜好調整鹹度。

蒸茄子涼拌茗荷

茄子的柔軟口感是這道菜的亮點，適合搭配素麵食用。

材料

茄子…2條

茗荷…1個

珠蔥…1根

淡口醬油…1小匙

芝麻油…2小匙

作法

❶茄子削皮，縱向剖半泡水，蒸熟。茗荷切成圓片，珠蔥切成1㎝小段。

❷茄子放涼後切成適口大小。將茄子、茗荷、珠蔥一起倒入大碗內，加醬油與芝麻油拌勻即完成。

涼拌紅甜椒

甜椒能促進體氣循環，炒過會釋放甜味。

材料

紅甜椒…1/2個
黍砂糖…1/3小匙
淡口醬油…1小匙
芝麻油…1小匙
白芝麻…適量

作法

❶紅甜椒切成寬5㎜的長條。
❷芝麻油加熱，倒入紅甜椒拌炒至整體沾油，加入砂糖與醬油拌勻。盛盤，最後撒上白芝麻即完成。

夏天の涼拌菜

涼拌馬鈴薯

從小就很喜歡這道涼拌菜，口感和一般馬鈴薯料理不同。

材料

馬鈴薯（五月皇后）
…1個（約100g）
鹽…1小撮
白胡椒粉…少許
芝麻油…1小匙

作法

❶馬鈴薯削皮，切成圓片後再切絲。以沸水煮約10秒鐘，撈起瀝乾（若是切粗絲，須煮久一些）。

❷馬鈴薯確實瀝乾後倒入大碗內，加鹽、白胡椒粉、芝麻油，拌勻後即完成。可依喜好調整鹹度。

涼拌牛蒡

牛蒡助清熱、解毒，可另切絲水煮後，調味製成芝麻牛蒡。

材料

牛蒡…100g
蔥…10㎝
大蒜（磨泥）…1/4小匙
淡口醬油…1又1/2小匙
芝麻油…2小匙
辣椒粉…適量

作法

❶牛蒡洗淨外皮刨成長條薄片，以沸水煮至軟化，撈起壓乾水分。蔥切末。

❷趁步驟①的牛蒡尚有餘溫，與蔥末一起倒入大碗內，加大蒜、醬油、芝麻油，拌勻，依喜好添加辣椒粉即完成。

涼拌雙菇

菇類有助改善便祕、皮膚粗糙，可作為常備菜。

材料

鴻喜菇…100g
杏鮑菇…3根
辣椒…1條
大蒜…1/2瓣
鹽…1小撮
醬油…1小匙
芝麻油…2大匙

作法

❶鴻喜菇切去根部，分成小朵。杏鮑菇切片，大蒜切末。

❷平底鍋中倒入芝麻油加熱，鋪入鴻喜菇與杏鮑菇，不要過度翻動，煎至兩面焦黃，放入辣椒與大蒜，待散發蒜香，加鹽、醬油拌勻，熄火即完成。可依喜好調整鹹度。

秋天の涼拌菜

青菜涼拌核桃

核桃的油質有助於整腸。堅果可增加口感與滿足感。

材料

春菊或菠菜等青菜…1/3袋
核桃…10g
鹽…1小撮
芝麻油…1小匙
白芝麻…適量

作法

❶青菜水煮後確實瀝除水分，切成適口大小。核桃乾煎後切碎。

❷將步驟①的食材倒入大碗中，加鹽、芝麻油拌勻，可依喜好調整鹹度，最後拌入白芝麻即完成。

涼拌綠花椰菜

綠花椰菜色澤鮮麗，建議疲勞時食用。

材料

綠花椰菜…100g

白芝麻…1大匙

A
- 芝麻油…1大匙
- 淡口醬油…1/2小匙
- 黍砂糖…1/4小匙
- 鹽…1小撮

辣椒粉…少許

作法

❶綠花椰菜分成小朵，以鹽水燙煮後瀝乾備用。

❷白芝麻以平底鍋炒香後，以研缽搗碎，倒入材料A充分混合。

❸趁花椰菜尚有餘溫時倒進步驟②的食材中拌勻，可依喜好調整鹹度，最後拌入辣椒粉即完成。

涼拌酪梨

酪梨富含優質脂肪，美肌效果佳，作成涼拌菜相當美味。

材料

酪梨…1個

蔥…5㎝長

淡口醬油…1小匙

芝麻油…2小匙

鹽…少許

辣椒粉…適量

作法

❶酪梨去皮去籽，切成適口大小。蔥切末。

❷將酪梨、蔥末、醬油、芝麻油倒入大碗內混勻，可依喜好加鹽調整鹹度，最後拌入辣椒粉即完成。

COLUMN.1

韓國の調味料

若說韓國料理風味的關鍵在調味料，一點也不為過。
有些人會覺得辛辣，但調味料所凝聚的濃郁與鮮美，能讓人從體內湧現元氣。
請一定要試著運用在家常料理上。

A. 苦椒醬（紅辣椒醬）

這是經典的韓國傳統調味料，就像以紅辣椒為基底的日本辛味噌一般，廣泛應用於各種韓式料理中。很適合搭配肉、蔬菜、煮物等各種食材，家常料理中只要加入一匙苦椒醬，就會搖身一變，成為一道具有韓國風味的料理。

B. 大醬

大醬可說是韓國的大豆味噌，香氣特殊。有別於日本味噌，即使長時間煮沸也不會減損風味，在味噌湯與鍋物中加入大醬，香氣會變得更加濃郁，美味也會升級。

E. 辣椒粉

辣椒曬乾後磨成粉製成的調味料，醃製泡菜時絕不可缺少。有粗磨與細磨兩種，除了辣味之外，還會散發出天然的甘味與香醇味。

D. 小魚乾

韓國常使用小魚乾來熬高湯，味道清爽鮮美。除了熬湯之外，也可直接食用，或作為炒物的配料等。小魚乾的苦味能夠帶出料理的味道。

C. 韓國蝦醬

韓國蝦醬多半用來提味，將小蝦鹽漬製成，廣泛用在鍋物、湯品、涼拌菜與炒物等各式料理中，能夠瞬間提升鮮味。

風味蔬食

韓國的餐桌上會排放好幾碟的小菜，
用餐時即可攝取各種蔬菜。
各式各樣的蔬菜既賞心悅目又有益健康，
不必複雜的工序即能帶出蔬食的美味，
準備一桌豐盛佳餚再也不是難事。

醋漬炸茄子

茄子是夏季當令食材，有解熱與利水作用，能幫助身體變得輕快，搭配有助於促進循環的醋，口感清爽。一次可多作一些，很適合拌素麵或沙拉食用。

材料（易作的分量）

茄子…400g

A

蔥（切粗末）…1/2條
大蒜（磨泥）…1/4小匙
淡口醬油…2大匙
醋…1又1/2至2大匙
（酸度可依喜好調整）
味醂…1大匙

炸油…適量
冰水…適量

作法

❶茄子去蒂，先對半切成兩段，每段再縱切成四等分，浸泡鹽水。當鹽水變成茶色，將茄子洗淨瀝乾。

❷將材料**A**倒入大碗內混合均勻。

❸擦去茄子多餘的水分，將茄子放進170℃的熱油中，炸至散發香氣、表面呈金黃色後即撈起。冰水倒入大碗內，將炸好的茄子全部泡入冰水中，輕拌一下即撈起倒進步驟②中拌勻，放進冰箱冷藏，冰涼後即可食用。

涮豬肉與萵苣沙拉

以汆燙的方式料理萵苣，可品嘗出咔嚓咔嚓的清脆口感，以豬肉片包捲萵苣食用相當美味。沙拉醬中加入薑泥，有助於提振食欲。

材料（2人份）

豬里肌肉片（切片）…4至5片

萵苣…1/2個

辣椒粉、白芝麻…各適量（可依喜好調整）

沙拉醬　※充分混合

淡口醬油…1又1/2大匙

醋…1大匙

芝麻油…1小匙

黍砂糖…1/2小匙

生薑（磨泥）…1大匙

作法

❶豬肉片皆切成兩段，萵苣撕成適口大小。

❷鍋中注水煮沸，將萵苣快速汆燙後撈起瀝乾。讓水稍微降溫，放入豬肉，肉片變色即撈起，以廚房紙巾擦乾水分。

❸將步驟②的萵苣與豬肉盛盤，撒上辣椒粉與白芝麻，最後淋上沙拉醬即完成。

※請注意，豬肉若放進沸騰的熱水中，肉質會變硬。

韓國冬粉拌海苔

韓國冬粉比較粗，有嚼感，肚子有點餓時可煮一些墊墊胃。韓國冬粉的筋性強，耐煮不爛，適合當點心或便當菜。

材料（2人份）

韓國冬粉（寬版）…50g
（細冬粉則取用30g）
和牛肉片…50g
韓國海苔…1片
A
醬油…1小匙
黍砂糖…1/2小匙
芝麻油…1小匙
鹽、白胡椒粉…各適量

作法

❶韓國冬粉以熱水煮軟，過涼水，瀝乾後切成適口大小。
❷牛肉片切成適口大小，與材料**A**拌勻後放進平底鍋拌炒至熟，熄火。
❸將冬粉先放入大碗內，再將步驟②的肉、湯汁一併倒入，加入撕成小片的韓國海苔、白胡椒粉拌勻，可依喜好加鹽調整鹹度。如果有煮好的甜豆（分量外），可切絲裝飾。

※韓國冬粉先泡水再滾煮會更快軟化、熟透。

香煎豆腐配泡菜

豆腐與泡菜在韓國是常見的組合，算是國民菜餚。韓國的豆腐水分少，偏硬，若改用日本豆腐，去水後再抹上低筋麵粉，一樣能夠將表面煎得香脆。沾醬中加了韭菜，與豆腐一起食用非常對味。

材料（2人份）

木綿豆腐…約1/2塊
低筋麵粉…適量
芝麻油…適量

醬汁

- 韭菜（切成5mm細段）…1根
- 醬油…1大匙
- 芝麻油…1小匙
- 辣椒粉…1/2小匙
- 白芝麻…1小匙

泡菜…適量

作法

❶豆腐壓上重物以去除水分，切成厚1cm的塊狀，以廚房紙巾擦除多餘水分，均勻抹上一層薄薄的低筋麵粉。

❷平底鍋中倒入芝麻油燒熱，將處理好的豆腐放進鍋中，煎至整塊酥脆即熄火盛盤。準備好拌勻的醬汁與泡菜，搭配食用。

小魚乾炒獅子唐辛子

小魚乾在韓國不只是熬湯的重要食材，很多時候也會直接食用。小魚乾冷藏可保存數天，適合作為常備菜。獅子唐辛子的苦味與小魚乾的鮮味形成絕佳平衡。

材料（易作的分量）

小魚乾（挑去頭與腹部內臟）…20g
獅子唐辛子…30條
大蒜（磨泥）…1/4小匙
酒…1大匙
黍砂糖…1小匙
淡口醬油…1又1/2小匙
味醂…1/2小匙
辣椒粉…1/2小匙（可依喜好調整）
芝麻油…2小匙

作法

❶平底鍋中倒入芝麻油燒熱，放進小魚乾與大蒜拌炒。

❷炒至小魚乾表面變脆，倒入獅子唐辛子，略熟後加酒、砂糖，均勻翻炒後加醬油、味醂、辣椒粉，拌勻後熄火即完成。

醋漬小黃瓜·章魚·海帶芽

在日式醋漬物中添加芝麻油與辣椒粉，小菜立即變身為韓式風味。醋有助於促進血液循環，章魚則是補氣血的食材。這些醋漬物令人食指大動，能夠幫助疲勞的你恢復元氣。

材料（2人份）

小黃瓜…1/2條
水煮章魚…50g
新鮮海帶芽…30g
鹽…少許
白芝麻…適量

A

生薑（磨泥）…1小塊
（約大拇指第一節的1/4大）
淡口醬油…1/2小匙
芝麻油…1/2小匙
醋…2小匙
辣椒粉…1/2小匙

作法

❶小黃瓜切成圓片，拌鹽，出水後水洗並擠去水分。海帶芽切成適口大小，章魚切薄片。
❷將材料A倒入大碗內混勻，再倒入步驟①的食材拌勻。盛盤，撒上白芝麻即完成。

西洋芹醋漬烏賊

西洋芹與烏賊的嚼感、茗荷的苦味、生薑的香氣，一起在口中散開。搭配醋醬食用，別有一番滋味。若以春菊或水芹等帶苦味的蔬菜替換茗荷，也很對味。

材料（2人份）

烏賊
（生魚片用，取身體部位，生食或汆燙）…約1杯
西洋芹…30g
茗荷…1/2個

醋醬

苦椒醬…2小匙
淡口醬油…1小匙
醋…2小匙
生薑汁…1小匙
芝麻油…1/2小匙

作法

❶西洋芹、茗荷切絲後泡水，瀝乾備用。
❷烏賊、西洋芹、茗荷混勻，即可沾醋醬食用。也可將食材直接拌入醋醬品嘗。

馬鈴薯煎餅

使用麵糊製作孩子們愛吃的彈牙煎餅，馬鈴薯泥與馬鈴薯絲混搭出新口感，令人忍不住一口接一口。

材料（易作的分量）

馬鈴薯（五月皇后）…2個（約 200g）
低筋麵粉…3大匙
鹽…1小撮
芝麻油、沙拉油…各適量

作法

❶將2個馬鈴薯削皮後，取1.5個磨泥，剩下的0.5個切絲。
❷馬鈴薯泥倒入大碗，加鹽、低筋麵粉混勻，再加入馬鈴薯絲拌勻。
❸平底鍋多倒點沙拉油燒熱，將步驟②的食材倒進鍋中整成圓形，兩面煎至香脆，過程中加一些芝麻油提香。熄火盛盤即完成。

蓮藕煎餅

蓮藕切成圓片，疊放於蓮藕泥上製成煎餅，可同時享受兩種口感。蓮藕有助於保健喉嚨、調整腸胃。

材料（易作的分量）

蓮藕…150g
鹽…1小撮
低筋麵粉…3大匙
芝麻油、沙拉油…各適量

作法

❶蓮藕削皮，取120g磨成泥，其餘切成圓片。
❷蓮藕泥、鹽、低筋麵粉混勻，放入沙拉油已熱的平底鍋中，將蓮藕泥整成圓形，上面疊放一片蓮藕片，兩面煎至香脆，過程中加一些芝麻油提香。熄火盛盤即完成。

※若蓮藕的水分較多，可增加一些低筋麵粉的用量。

海鮮煎餅

在韓國，鮮味滿溢的小牡蠣經常是煎餅或玉子燒的餡料。牡蠣能幫助滋補身體、補血、美容，可於產季時積極攝取。

材料（易作的分量）

韭菜…1/2把
牡蠣…3至4顆
（可另加章魚、烏賊、蛤蜊等各少許）
全蛋液…2顆
青辣椒（切末）…1/2條
（可依喜好調整）
低筋麵粉…適量
芝麻油…2大匙

沾醬 ※充分混合

醬油…1大匙
醋…1小匙
芝麻油…1小匙
白芝麻…1小匙
辣椒粉…1/2小匙

作法

❶牡蠣放入碗內，以片栗粉（分量外，亦可使用太白粉）揉洗，多次換水，直到未再出現黑色汁液，以廚房紙巾擦乾，切成1/3大。韭菜切成大段。若有烏賊與章魚，切成適口大小。

❷韭菜均勻撒上低筋麵粉。海鮮類食材混勻，以廚房紙巾擦除多餘水分，均勻撒上低筋麵粉。

❸平底鍋中倒入芝麻油燒熱，倒入一半分量的蛋液，依序平鋪韭菜、牡蠣等餡料，撒上青辣椒，最後再淋上剩餘的蛋汁，翻面煎熟，熄火盛盤。食用時搭配沾醬。

高麗菜拌炒魩仔魚乾

魩仔魚乾以芝麻油炒得又香又脆，帶出高麗菜的甘甜。作法簡單，且能夠帶來滿足感，臨時缺一道菜時就端出這道料理吧！

材料（2人份）

高麗菜…150g
魩仔魚乾…15g
鹽…1小撮
芝麻油…1大匙

作法

❶高麗菜切片或撕成小塊，放入沸水中汆燙後撈起，降溫後擠乾水分，倒入大碗中，加鹽拌勻。

❷芝麻油與魩仔魚乾倒入稍小的平底鍋中，加熱炒至魩仔魚乾變得香脆，再連油一起倒進步驟①的大碗中拌勻（趁高麗菜尚有餘溫時）。可依喜好調整鹹度。

炒韓國小南瓜

韓國小南瓜的外觀像櫛瓜，在韓國一年四季都買得到，常用於鍋物、涼拌或蛋捲等各式各樣的料理之中。這道簡易的菜餚重點在於以韓國蝦醬提味，無論配飯或當下酒菜都很適合。

材料（2人份）

韓國小南瓜…150g
大蒜（磨泥）…少許
韓國蝦醬…1至1又1/2小匙
青辣椒…1/4條
芝麻油…1小匙

作法

❶韓國小南瓜切成厚5㎜的圓片。
❷平底鍋中倒入芝麻油燒熱，放入韓國小南瓜、大蒜，拌炒至均勻附油後，再加入蝦醬、青辣椒，轉小火，蓋上鍋蓋燜至整體入味，熄火盛盤即完成。

※韓國小南瓜建議切成薄片比較快熟，並在未過度軟爛前熄火。

堅果炒魩仔魚乾

魩仔魚乾與堅果都是耐放食材，可作為常備菜，臨時想再加一道菜時即可端出。這道料理除了直接食用之外，也可加進涼拌菜或炒飯中。堅果富含優質油脂，有助於滋潤身體、美肌。可依喜好更換材料中的堅果種類。

材料（易作的分量）

魩仔魚乾…50g
杏仁果…30g
芝麻油…1大匙

A

酒…2小匙
黍砂糖…2小匙
大蒜（磨泥）…1/4小匙
淡口醬油…1小匙
青辣椒（切末）…適量
松子…10g
南瓜子…20g
白芝麻…1小匙

作法

❶平底鍋中倒入芝麻油燒熱，放入魩魚仔乾、杏仁果拌炒。

❷炒至酥脆時，將材料**A**倒入鍋中，拌炒均勻，加醬油、青辣椒，最後倒入松子、南瓜子、白芝麻拌勻，熄火盛盤即完成。

蘿蔓沙拉

韓國的蔬菜種類繁多，餐桌上常見葉片柔軟、可供生食的蔬菜。風味簡單的蘿蔓沙拉以花生提味。可變換不同的生菜，品嘗不同蔬菜的滋味。

材料（2人份）

蘿蔓…100g
小黃瓜…1/2條
花生（無鹽）…30g

A

魚露…1又1/2小匙
醋…1又1/2大匙
芝麻油…1大匙
辣椒粉…1小匙
黍砂糖…1小撮

作法

❶蘿蔓洗淨後確實擦乾，撕成適口大小。小黃瓜去皮，斜切成片。
❷花生以平底鍋乾煎，切碎（或以研缽磨碎）。
❸將材料**A**倒入大碗中混勻，再倒入步驟①、②的食材拌勻。可依喜好添加魚露或鹽調整鹹度。

醬油漬牛肉

利用牛腱湯所剩下的牛肉，以醬油、醋等醬汁浸漬即成一道絕品。耐保存，適合當下酒菜。建議搭配芥末醬享用，可帶出牛肉美味。

材料（易作的分量）

水煮牛腱肉
（牛肉湯中的牛腱）…500g
※牛肉湯的作法參考P.94
芥末醬…適量

A
醬油…120cc
醋…50cc
水…50cc
黍砂糖…1又1/2大匙
大蒜…1/2瓣
紅辣椒…1條

作法

❶將材料A倒入鍋中，煮至砂糖溶化即熄火。
❷將牛腱肉、冷卻後的步驟①倒入保鮮袋內，搖勻，排出空氣後封口，放進冰箱冷藏一天後即完成。可依喜好決定牛腱肉片的厚度，也可搭配芥末醬食用。

COLUMN.2

實用常備菜

作菜時總會有一些零星的牛肉或雞肉，只要熱炒、調味，
就是一道便於保存的常備菜，
而且能變化出各式各樣的料理，相當實用。

A. 炒牛肉

《P.66韓國冬粉拌海苔、P.114海苔飯捲》

材料

牛肉片…50g
A
- 黍砂糖…1/2小匙
- 醬油…1小匙
- 芝麻油…1/2小匙

作法

牛肉切成適口大小，倒入材料A拌勻後，拌炒至熟，熄火即完成。

B. 炒雞絞肉

《P.113年糕湯》

材料

雞腿絞肉…50g
酒…1小匙
淡口醬油…1小匙

作法

雞肉與酒放入小平底鍋中拌炒，當雞肉變色，加入淡口醬油炒勻，熄火即完成。

C. 蛋絲

《各式菜餚色彩裝飾》

材料

蛋…1顆
鹽…極少量
油…適量

作法

蛋與鹽倒入大碗中打散拌勻。平底鍋抹油，倒入蛋液，兩面煎熟製成蛋皮。將煎好的數片蛋皮疊起來切絲，即製成蛋絲。

※以上料理皆須放進冷凍庫中保存。

湯品&鍋物

韓國人喝湯或吃鍋物不分季節，
而是因應當天的身體狀況和需求。
有時為了暖身，有時為了品嘗食材鮮味，
有時為了攝取營養……不同料理各有魅力。
沒什麼氣力時，只要有一碗湯就能令人安心，
湯品與鍋物在我們的生活中如此存在著……

大醬鍋

大醬有韓國味噌之稱，以此煮成鍋物，配料豐富，包括蛤蜊、豬肉、白蘿蔔等等，滋味豐厚，可享受到多元口感與美味。喝了湯從體內會開始暖起來，幫助恢復元氣。

材料（1至2人份）

蛤蜊…100g
豬五花肉片…50g
白蘿蔔…50g
櫛瓜（或韓國小南瓜）…30g
木綿豆腐…50g
蔥…10㎝
金針菇…20g
大蒜（磨泥）…1/4小匙
小魚乾高湯…250cc
（或250cc水加5g小魚乾）
大醬…1又1/2至2大匙
紅辣椒…1/2條（可依喜好調整）
芝麻油…1小匙

作法

〔前置作業〕

蛤蜊以濃度3%的鹽水浸泡，吐完沙後把外殼搓洗至完全乾淨。豬肉切成寬1㎝條狀，白蘿蔔切成厚5㎜的銀杏葉形，櫛瓜切半月形，豆腐切成邊長1.5㎝的塊狀，蔥切成1㎝的小段，金針菇切除根部後切成3等分，紅辣椒斜切成圈。

〔小魚乾高湯的作法〕

鍋中倒入1ℓ水、15g小魚乾（事先挑去頭部與腹部內臟），開火煮滾，一邊撈去浮沫，一邊轉小火熬煮至湯汁出味。熄火後，以鋪好廚房紙巾的篩網過濾。

❶鍋中倒入芝麻油燒熱，放入豬肉與大蒜拌炒。

❷待豬肉出油後，倒入白蘿蔔、金針菇、小魚乾高湯，煮至白蘿蔔變透明，再倒入櫛瓜、蔥、豆腐、大醬，續煮5至10分鐘，放入紅辣椒，煮沸後熄火即完成。可依喜好添加大醬調整味道。

泡菜鍋

當泡菜隨著發酵過程酸味增加，就是用來製作鍋物的好時機。搭配小魚乾高湯與豬五花肉，煮出味道醇厚的泡菜鍋。如果手邊有好吃的泡菜，一定要試試看。

材料（2人份）

泡菜…150g
豬五花肉片…100g
（醃料：淡口醬油、酒各1小匙）
蒸黃豆芽（作法參考P.104）…100g
小魚乾高湯…400cc
（或400cc水加8g小魚乾）
酒…2大匙
淡口醬油…2小匙
芝麻油…1小匙
春菊（或水芹葉）…適量

作法

❶豬肉切成適口大小，加入醃料抓拌。泡菜切成適口大小。
❷鍋中倒入芝麻油燒熱，炒豬肉，待肉片散發香氣且呈焦黃色，加入泡菜拌炒均勻。
❸繼續加入黃豆芽、高湯、酒，煮約5至10分鐘，加入醬油，依喜好調整鹹度，熄火，最後鋪上春菊即完成。

大豆鍋

大豆能幫助提升腸胃功能、補氣，製作大豆鍋時先將大豆攪碎，湯底滋味溫和，容易消化，疲倦時身體也能好好吸收。攪碎的大豆若沒有使用完畢，可冷凍保存。

材料（1人份）

大豆…30g

豬五花肉片…50g

（醃料：淡口醬油、酒各1/2小匙）

泡菜…30g

芝麻油…1小匙

韓國蝦醬…1小匙

作法

❶大豆洗淨泡水，放進冰箱冷藏一晚。

❷泡大豆的水加至250cc，與大豆一起倒入攪拌機攪碎。

❸豬肉切成寬1㎝條狀，以醃料抓拌。泡菜縱橫交錯切小片。

❹鍋中倒入芝麻油燒熱，炒豬肉，肉片變色即加入泡菜拌炒，再倒入步驟②的食材，約煮7至10分鐘，待大豆汁煮熟，加入蝦醬調味即完成。烹煮過程中若湯汁過少請視狀況加水。食用時可依喜好添加蝦醬調整鹹度。

明太魚牛肉湯

明太魚在韓國是外食或家庭料理的定番食材，由黃線狹鱈曬乾製成，有助於緩解腸胃疲勞與宿醉。魚乾凝聚的鮮味在湯中釋放，交織出豐饒的風味。

材料（2人份）

明太魚乾…20g
和牛肉片…50g
金針菇…30g
絹豆腐…70g
韭菜…1根
大蒜（磨泥）…少許
芝麻油…1小匙
酒…1大匙
淡口醬油…2小匙
白胡椒粉…適量

作法

❶將明太魚乾剝成小塊，挑去魚骨。牛肉切成適口大小，金針菇切除根部再切成3等分，豆腐切丁，韭菜切成1㎝小段。

❷鍋中倒入芝麻油燒熱，拌炒牛肉與大蒜，牛肉稍變色即加入明太魚乾，輕輕拌炒，再加入400cc的水、酒、金針菇。煮開後撈去浮沫，加入豆腐，以醬油、白胡椒粉調味。可依喜好加醬油調整鹹度。食用前再放入韭菜，放涼品嘗風味更佳。

牛尾湯

牛尾湯釋放出了牛肉的活力，疲勞時喝下，能從體內湧現氣力。我從小就喝這道湯，滋味奢華，作法卻很簡單，請務必試試。

材料（易作的分量）

和牛尾肉…1kg

大蒜…1瓣

鹽、白胡椒粉…各適量

蔥末…適量

作法

❶牛尾放入沸水中，表面變白即取出，以流動的水充分洗淨（若脂肪過多，可剔除一些）。

❷將處理好的牛尾、大蒜、1.5ℓ水放入壓力鍋中，蓋上鍋蓋，加熱，從產生壓力開始約煮50分鐘。

❸待步驟②冷卻，放進冰箱冷藏，刮取凝結於表層的白色油脂備用。

※油脂十分美味，刮除後先試湯底味道，有需要再回補（冬天油多一點，夏天清淡一些）。

❹牛尾湯重新溫熱，加入鹽、白胡椒粉、蔥末調味。可依喜好調整調味料用量。

※若無壓力鍋，可在厚底的煮鍋中注入2ℓ水，蓋上鍋蓋燉煮約3小時，直至牛肉變軟即可熄火。

流動的水可沖掉肉腥味。

辣牛肉湯

這是一道配料豐富的辣湯，牛尾湯的湯底加上牛尾肉、辣椒粉，以及其他溫熱效果極佳的食材，還有大量能夠幫助消化的白蘿蔔。牛尾湯的油脂量可依季節、身體狀況與喜好進行調整。

材料（2人份）

牛尾湯（參考P.90）…500㏄
和牛尾肉（取湯留下的肉，參考P.90）…適量
白蘿蔔…200g
韭菜…1/3把
金針菇…50g
櫛瓜（或韓國小南瓜）…100g
九條蔥…2根
蒸黃豆芽（參考P.104）…50g
淡口醬油…2大匙
白胡椒粉…適量

A
芝麻油…1大匙
辣椒粉…2大匙

作法

❶白蘿蔔切成銀杏葉形，韭菜切成4㎝大段，金針菇切除根部後切成3等分，櫛瓜切半月形，蔥斜切片。
❷鍋中倒入牛尾湯、牛尾肉、白蘿蔔、金針菇與黃豆芽，煮至白蘿蔔變軟再加入櫛瓜、韭菜、蔥，食材煮熟後加醬油、白胡椒粉調味，熄火。
❸試味道，酌量添加白胡椒粉、P.90撈起的油脂，最後倒入混勻的材料**A**即完成。

牛腱蘿蔔豆腐湯

我家常喝這道配料很多的湯，不放大蒜，味道清爽溫和。牛腱湯多作一些冷凍保存，需要使用時就很方便。請試著加入時令蔬菜、辣椒等食材來變換風味。

材料（2人份）

牛腱湯…400cc
牛腱肉…適量
白蘿蔔…50g
豆腐…100g
金針菇…30g
蔥…10㎝長
酒…1大匙
淡口醬油…1又1/2至2小匙
白胡椒粉…適量

撈起凝結在表面的油脂，湯頭會變得較為清爽。若冬天食用，視需要再回補一些油脂。

〔牛腱湯的作法〕

❶將1kg的牛腱放入沸水中，表面變白即取出，以流動的水充分洗淨。
❷將1.5ℓ水、牛腱放入壓力鍋中，蓋上鍋蓋，加熱，從產生壓力開始約煮50分鐘。
❸待步驟②冷卻，放進冰箱冷藏，刮取凝結於表層的白色油脂備用。

※若無壓力鍋，可在厚底的煮鍋中注入2ℓ水，蓋上鍋蓋燉煮約3小時，直至牛肉變軟即可熄火。

作法

❶白蘿蔔切成銀杏葉形薄片，豆腐切丁，金針菇切除根部後切成3等分，蔥切成1㎝小段。
❷鍋中倒入牛腱湯、切成適口大小的牛腱肉、白蘿蔔、金針菇、酒，加熱煮至白蘿蔔軟化，再加入豆腐、蔥，以醬油、白胡椒粉調味，熄火即完成。

微辣小松菜味噌湯

這是一道微辣的韓式味噌湯，小松菜吸取了湯汁的美味，而大醬的風味與小松菜的軟糊口感，令人不得不上癮。以前祖母經常作給我們喝，令人懷念。

材料（2人份）

小松菜…1把
大蒜…1/4 瓣
低筋麵粉…2小匙
淡口醬油…2小匙
大醬…1又1/2大匙
小魚乾…5g
青辣椒…1/2條（可依喜好調整）

作法

❶小松菜汆湯後切成5cm小段，確實擠乾水分。大蒜切末。

❷將步驟①的食材倒入大碗中，加入低筋麵粉、醬油、大醬，抓拌均勻。

❸鍋中倒入400cc水、小魚乾，將步驟②的食材也倒進來，慢火煮約20分鐘，直到小松菜變得軟爛，最後依喜好加入青辣椒，熄火即完成。

※慢火煮，不要大火滾。當水分蒸發、味道變濃時可再加水。
※可依喜好決定是否使用小魚乾。

海帶芽湯

小魚乾高湯加上海帶芽，即成為這一道簡易湯品。海帶芽有助於排毒，能改善水腫、便祕。步驟極簡單，即使時間緊湊也能為自己煮一鍋。喝完湯的隔天，會覺得身體狀況變得較為舒服。

材料（1至2人份）

小魚乾高湯（參考P.84）…300 cc
新鮮海帶芽…70g
淡口醬油…2小匙
白胡椒粉…適量
白芝麻、芝麻油…各適量

作法

❶小魚乾高湯加熱後放入海帶芽、醬油、白胡椒粉，可依喜好加鹽或醬油調整鹹度。熄火後盛至碗裡，依喜好加白芝麻與芝麻油即可食用。

※海帶芽若有鹹味，可視狀況加水或增加高湯用量。

炒海鮮鍋

可嘗到海鮮與蔬菜釋出的水分與鮮美滋味，是一道輕易就能完成的豪華鍋物，關鍵在於海鮮不要煮得太老。章魚、烏賊、蝦子都是補氣血的好食材，對女性有益。不加甜味的藥念醬能夠帶出食材的美味。

材料（2至3人份）

水章魚（生鮮）…250g
烏賊…1杯
蝦子…4尾（也可另加牡蠣）
高麗菜…200g
金針菇…100g
蒸黃豆芽（參考P.104）…100g
胡蘿蔔…50g
洋蔥…1/2個
蔥…1根
韭菜…1/2把

藥念醬

生薑（磨泥）…1小塊
大蒜（磨泥）…1/2小匙
辣椒粉…2大匙
醬油…1大匙
淡口醬油…1大匙
酒…1大匙

芝麻油…1大匙

作法

❶章魚加鹽抓揉清洗（吸盤內也要搓洗），確實洗淨後剝皮，吸盤切成適口大小，足部切成薄片。烏賊處理後切成適口大小。在蝦子背部劃一刀，挑出腸泥。

❷高麗菜切大片，胡蘿蔔切粗絲，洋蔥切成寬5㎜的粗絲，蔥斜切片，金針菇切除根部再對切，韭菜切成5㎝大段。

❸藥念醬的材料倒入大碗中混勻，加入高麗菜、胡蘿蔔、洋蔥、蔥、金針菇拌勻。

❹平底鍋中倒入芝麻油燒熱，倒入步驟③的食材拌炒，食材大致炒熟後加入蝦子，翻炒均勻，轉小火，蓋上鍋蓋，待蝦子熟透，加入章魚與烏賊快速拌炒，最後加入韭菜，拌勻，熄火盛盤即完成。

※食後若有剩餘的湯汁可拿來炒飯。

蛤蜊芹菜鍋

蛤蜊煮熟後會流出大量的鮮美湯汁，利用這個天然的湯汁即可簡單調味。鍋物最令人開心的是可一次吃下很多海鮮與蔬菜，蛤蜊與芹菜能幫助身體清熱排毒。

材料（2至3人份）

蛤蜊…300g
白肉魚（生魚片用）…1盒
芹菜嫩葉…1把
白蘿蔔…100g
蒸黃豆芽（參考P.104）…100g
洋蔥…1/2個
生薑…1小塊
青辣椒…1條

A

酒…50cc
鹽…1/2小匙
淡口醬油…1小匙

作法

〔前置作業〕

蛤蜊泡入濃度3%的鹽水中，吐完沙後將外殼搓洗至完全乾淨，瀝乾備用。

❶白蘿蔔去皮切粗絲，洋蔥切成寬5㎜的粗絲，生薑切片。

❷鍋中放入蛤蜊、蒸黃豆芽、白蘿蔔、洋蔥、生薑、400cc水、材料**A**，蓋上鍋蓋，轉小火加熱。等蛤蜊殼微開、蔬菜煮熟後，加入青辣椒即熄火，加入白肉魚、芹菜葉，蓋上鍋蓋燜一下。可依喜好加鹽調整鹹度。

海陸蔬食冷湯

這是一道盛夏時期常喝的簡易湯品。放入冰塊當冷湯喝，可驅除熱氣，提振食欲。小黃瓜與番茄是夏季時蔬，入菜加醋清淡爽口。

材料（2人份）

小黃瓜…1/2條
新鮮海帶芽…20g
番茄…1/4個
茗荷…1/2個
昆布高湯…200cc
淡口醬油…1大匙
醋…1又1/2大匙
芝麻油…1小匙
白芝麻…適量

作法

❶小黃瓜、茗荷切絲，番茄切塊。
❷將步驟①的食材、海帶芽、醬油、醋、芝麻油倒入昆布高湯內拌勻，冷卻後即可食用。食用時可撒上白芝麻，並依喜好加入冰塊。

內臟鍋

將拌勻的醬汁與各式內臟混勻，利用蔬菜與豆腐的水分蒸煮出這道鍋物。滋味滿溢的湯汁、各種內臟的口感，手邊若有新鮮的內臟時，建議作作看。

材料（3至4人份）

各種新鮮內臟…400g
蒸黃豆芽（參考P.104）…100g
洋蔥…1個
韭菜…1/2把
馬鈴薯…1個
豆腐…1/2塊
韓國年糕…約50g

醬汁 ※充分混合

苦椒醬…50g
味噌…50g
黍砂糖…1又1/2大匙
酒…2大匙
醬油…1大匙
芝麻油…1大匙
大蒜（磨泥）…1瓣
生薑（磨泥）…1小塊

作法

❶洋蔥切成寬1㎝薄片，韭菜切成5㎝大段，馬鈴薯切成厚1㎝圓片，豆腐切大塊，年糕泡水。

❷內臟切成適口大小，倒入大碗內，加進一半分量的醬汁抓拌。

❸厚底鍋中倒入洋蔥、馬鈴薯、蒸黃豆芽、豆腐、年糕、步驟②的食材，蓋上鍋蓋，煮至出現水分時，一邊加入剩餘的醬汁，一邊調味，可依喜好添加醬油調整鹹度。熄火，鋪上韭菜段即完成。

※內臟煮熟後會縮小，所以不要切太小塊。

COLUMN.3

常備の蒸黃豆芽

黃豆芽容易損傷，又經常無法一次使用完畢，
若先蒸好當成常備菜，的確是個不錯的方法。
黃豆芽具補氣效果，疲倦時建議食用。
當配料加入其他菜餚，或涼拌都十分好吃。

蒸黃豆芽

材料

黃豆芽…100g（1袋）

作法

①黃豆芽去尾根，充分洗淨。
②將黃豆芽倒入鍋中，加50cc左右的水煮滾，沸騰後轉小火，蓋上鍋蓋，煮至黃豆芽變軟，熄火倒出瀝乾，待冷卻即完成。

保存時間：冷藏室可保存2至3天

飯&麵

忙碌時，只要把配菜加入飯或麵食中料理，
很快就能輕鬆開飯！
澱粉類的食材具飽足感，
還能吃到蔬菜與肉，正餐或宵夜皆適宜。

牡蠣蘿蔔炊飯

牡蠣可提升腎功能，也有助於紓解生理不順和壓力、延緩老化等，建議女性朋友們多多食用。煮飯時加入牡蠣與冬天盛產的白蘿蔔，鎖住美味與營養，最後淋上香氣四溢的蔥油，有助於滋潤身體。

材料（2人份）

米…2合（2杯量米杯）
牡蠣…200g
白蘿蔔…200g
酒…2大匙
淡口醬油…2大匙
昆布（邊長5㎝）…1片

蔥油

蔥…1/2根
韭菜…1/2把
大蒜…1/2瓣
青辣椒…1條
太白芝麻油…2大匙

作法

❶米淘洗乾淨後泡水、瀝乾（夏天泡30分鐘，冬天泡1小時左右）。牡蠣倒入大碗內，以少許片栗粉（分量外，亦可使用太白粉）輕輕抓拌並反覆換水，直到水不再變黑，以廚房紙巾擦乾。白蘿蔔切粗絲。

❷將米、酒、淡口醬油、360cc水倒入土鍋混合，再鋪放昆布、白蘿蔔、牡蠣，蓋上鍋蓋加熱。待冒出許多蒸氣即轉小火煮10分鐘。

❸趁空檔製作蔥油：大蒜與青辣椒切末，蔥切粗末，韭菜切成5㎜小段。大蒜與芝麻油倒入小平底鍋，當大蒜略呈金黃色並散發香氣即熄火，加入蔥花、韭菜、青辣椒，拌勻。

❹飯煮好後再燜10分鐘以上，最後淋上步驟③製成的蔥油拌勻即完成。

章魚炊飯

章魚補氣血，有助於恢復疲勞、美肌。使用新鮮的章魚炊飯，風味極佳，色澤也很漂亮。食用時可淋上微辣的醬汁，搭配梅乾作成飯糰也極為可口。

材料（2人份）

米…2合
（2杯量米杯）
水章魚(生鮮)
…200g
酒…1大匙
淡口醬油…2小匙

醬汁 ※充分混合

蔥（切末）…1/2根
醬油…1大匙
芝麻油…1小匙
白芝麻…2小匙
青辣椒…1條

作法

❶米淘洗乾淨後瀝乾。章魚撒鹽（分量外）抓揉確實洗淨，切成適口大小（遇熱會縮小，所以不要切太小塊）。

❷米、酒與醬油倒入電子鍋中，加水至對應的刻度，放入章魚混勻炊煮。食用時淋上充分混勻的醬汁。

牛肉泡菜蛋湯飯

湯飯好消化，適合當宵夜。基本上以泡菜調味，色澤鮮紅，但不會很辣。
濃郁順口，身體很容易就暖起來。

材料（1人份）

和牛肉片…60g
泡菜…50g
乾香菇…1朵（約10g）
蔥…10㎝長
全蛋…1顆
淡口醬油…2小匙
芝麻油…1/2小匙
熱白飯…約1碗
鴨兒芹葉…適量

作法

❶乾香菇以200cc的水泡發，切細絲。泡香菇的水再加水至250cc，備用。
❷牛肉與泡菜切成適口大小，蔥斜切成片。
❸鍋中倒入芝麻油，燒熱後炒牛肉，肉變色即加入泡菜拌炒，再倒入泡香菇水、香菇、蔥，一邊煮一邊撈浮沫，以醬油調味，淋上蛋汁，熄火。
❹取一個湯碗盛入熱飯，淋上步驟③的料理，最後以鴨兒芹葉裝飾即完成。

黃豆芽豬肉飯

將豬肉煎得脆脆的，鋪到黃豆芽飯上，再淋上醬汁，輕輕鬆鬆為自己作一道韓式料理。香香的鍋巴可增添美味，而豬肉不僅適合疲勞時食用，適量的動物脂肪還能改善乾燥的肌膚與粗糙的頭髮，對於緩解便祕也有幫助。

材料

米…2合（2杯量米杯）

蒸黃豆芽（參考P.104）…100g

豬五花肉片…60g

芝麻油…1大匙

鹽…2小撮

醬汁 ※充分混合

醬油…1大匙

芝麻油…2小匙

白芝麻…1小匙

大蒜（磨泥）…極少量

辣椒粉…1/2小匙

作法

❶米淘洗乾淨後泡水、瀝乾（夏天泡約30分鐘，冬天泡約1小時）。

❷將米、360cc水倒入土鍋，蓋上鍋蓋加熱，待冒出許多蒸氣，轉小火再煮10分鐘。

❸豬肉切成約3至4cm寬的小片，放入抹上芝麻油的平底鍋，撒鹽煎至香脆。

❹飯煮好後立刻打開蓋子，倒入步驟③的豬肉（連同油）、黃豆芽，平鋪整齊後蓋上鍋蓋，以大火煮1至2分鐘，聽到形成鍋巴的劈啪聲即熄火，再燜10分鐘，最後淋上已混勻的醬汁即可食用。

海苔牡蠣湯飯

不必事先熬煮高湯，很快就能完成這一道簡易湯飯。活用牡蠣與海苔的鮮味，加入少許調味即可。牡蠣有助於穩定心神，海苔則有排毒作用，有助於消除疲勞。

材料（1人份）

牡蠣…50g
生海苔…20g
熱白飯…約1碗
酒…1大匙
淡口醬油…2小匙
芝麻油…少許
醃漬物（或泡菜）…適量

作法

❶牡蠣倒入大碗內，加少許片栗粉（分量外，亦可使用太白粉）輕輕抓揉並反覆換水，洗至水不再變黑，以廚房紙巾擦乾，對切。

❷鍋中倒入250cc水煮沸，加酒，轉小火，倒入牡蠣，表面熟後加入白飯、生海苔，加醬油整體拌勻，可依喜好以醬油、鹽調整鹹度。牡蠣煮熟後熄火，盛入食器前撒上芝麻油，可搭配醃漬物一起食用。

年糕湯

作法很簡單，小魚乾高湯、雞肉的鮮美滋味與韓國年糕很對味，年糕滑潤的口感讓人一口接著一口，沒什麼胃口時，這道料理很容易引起食欲。

材料（2人份）

韓國年糕…300g
絹豆腐…100g
雞腿絞肉…50g
酒、淡口醬油…各1小匙
小魚乾高湯…500cc

A

淡口醬油…2小匙至1大匙
酒…1大匙

蛋絲（參考P.82）…1/2顆的分量
海苔絲、鴨兒芹葉…各適量

作法

❶年糕泡水約15分鐘，豆腐切適口的方形塊狀。

❷小平底鍋倒入雞肉、酒拌炒，肉變色即加入淡口醬油拌勻，熄火。

❸取另一鍋倒入小魚乾高湯加熱，倒入材料**A**、年糕。年糕煮軟即盛入湯碗內，鋪上步驟②的雞肉，最後以蛋絲、海苔與鴨兒芹葉點綴即完成。

※未使用完畢的年糕請泡入清水中，每天換水，冷藏可保存數天。

海苔飯捲

將韓國的海苔飯捲調整成容易入口的大小。不使用醋飯，省下不少時間，帶便當也很討喜。見常的餡料是牛肉、胡蘿蔔、醃蘿蔔，可隨喜好自由組合各種食材，享受不同口感與風味。

材料

飯…適量

燒海苔（全形海苔切成4等分）…適量

芝麻油…適量

鹽…少許

白芝麻…適量

餡料

炒牛肉（參考P.82）…適量

小黃瓜（長條狀）…數條

胡蘿蔔（長條狀，以芝麻油加少許鹽炒過後冷卻）…數條

醃蘿蔔（長條狀）…數條

芝麻葉…數片

作法

❶各種餡料冷卻備用。海苔平放，鋪上1湯匙的飯（海苔的上下側各留1.5cm不鋪飯）。

❷依喜好鋪放適量的各種餡料，再以手指按住餡料朝身體方向捲起。海苔捲表面塗抹芝麻油，撒上鹽與白芝麻即完成。

自由組合餡料。每一捲皆使用1/4大的燒海苔捲成筒狀，長約10cm。

韓式拌飯

我家的韓式拌飯沒有固定的配菜，都是隨興鋪放當季涼拌菜。只要有肉味噌，就能將整碗飯、菜拌成團，蔬菜可依喜好變換。組合多種食材，吃起來極為美味，請將餡料與飯攪拌均勻享用吧！

材料（1人份）

飯…適量
苦椒醬…適量
炒蛋…適量

作法

白飯盛入碗中，加入涼拌菜、肉味噌、炒蛋，再依喜好加入苦椒醬。白飯與餡料拌勻後即可食用。

〇肉味噌（易作的分量）

和牛肉片…60g
青椒…3個
乾香菇…1朵（約10g）
大蒜（磨泥）…1/4小匙
芝麻油…2小匙

A
酒…1大匙
黍砂糖…1大匙
醬油…1小匙
大醬…2大匙

青辣椒…1/2條

作法

❶乾香菇以120cc的水泡發，切成邊長1㎝小丁。泡香菇水留著備用。青椒也切成邊長1㎝小丁，肉切成適口大小。

❷鍋中倒入芝麻油燒熱，放入肉與大蒜拌炒，肉稍變色即加入青椒、香菇輕輕翻炒，倒入香菇水、材料**A**稍微煮一下，最後加入青辣椒拌炒均勻，熄火即完成。

〇涼拌菠菜（易作的分量）

菠菜…1把
鹽…1小撮（可依喜好調整）
芝麻油…2小匙

作法

❶菠菜水煮後泡涼水，再切成適口大小，確實擰乾水分。倒入大碗內，加鹽、芝麻油拌勻即完成。

〇涼拌黃豆芽（易作的分量）

蒸黃豆芽…1袋
（蒸法參考P.104）
鹽…2小撮
白胡椒粉…適量
芝麻油…2小匙

作法

❶將蒸好並瀝乾水分的黃豆芽倒入大碗中，加鹽、白胡椒粉、芝麻油拌勻即完成。

〇胡蘿蔔涼拌魩仔魚→參考P.52
〇西洋芹涼拌櫻花蝦→參考P.52

辣味釜玉烏龍麵

釜玉烏龍麵的作法很簡單、快速，以辣椒粉、韭菜增添了韓式料理的風味，幫助溫熱身體、促進循環。請試試這一道令人欲罷不能的美味元氣料理吧！

材料（1人份）

烏龍麵（乾麵）…約100g
蛋黃…1顆
白芝麻…1小匙
辣椒粉…1小匙

醬汁 ※充分混合

韭菜（切成5㎜小段）…2根
醬油…1小匙
芝麻油…1/2小匙

作法

❶以足量的水煮烏龍麵。麵熟盛裝前，先以煮麵水燙熱盛裝的容器。

❷麵熟後瀝乾，趁熱倒入容器，正中間作出凹洞放入蛋黃，撒上白芝麻與辣椒粉，最後淋上醬汁即可食用。

鮪魚酪梨丼

祖父常吃鮪魚與韓國海苔，我也很喜歡這樣的組合。酪梨的口感綿密，讓所有食材成為一個整體，搭配混合苦椒醬的微辣醬汁，味道更顯濃郁。除了拌飯之外，也很適合當作下酒菜。

材料（2人份）

鮪魚生魚片…100g
酪梨…1/2個
韓國海苔…1片
熱飯…2碗
茗荷…1個（切圓片）
白芝麻…適量

A
苦椒醬…1大匙
黍砂糖…1小匙
醬油…2小匙至1大匙
醋…1大匙
芝麻油…1小匙
大蒜（磨泥）…1/4小匙

作法

❶鮪魚與酪梨切成適口大小，加入已充分混合的材料**A**中，拌勻。
❷盛飯，依序鋪放撕碎的海苔、步驟①的食材、茗荷，最後撒上白芝麻即完成。

微辣雞肉丼

丼飯的分量滿滿，濃醇調味讓人食指大動，苦椒醬和番茄醬很對味，很容易贏得小孩與男性的好評。雞肉先煎至香脆，再以餘溫加熱，就會變得外酥內軟。

材料（2人份）

雞腿肉…1塊（200g）

醃料

- 酒…1小匙
- 鹽…1小撮

洋蔥…1/4個

青椒…2個

大蒜…1/2瓣

熱飯…2碗

韓國海苔…1片

低筋麵粉…適量

芝麻油…2小匙

調味料 ※充分混合

- 苦椒醬…1小匙
- 番茄醬…1大匙
- 醬油…2小匙
- 黍砂糖…1小匙
- 味醂…1小匙
- 水…1大匙

作法

❶以叉子等工具在雞肉上刺數個洞，加入醃料抓拌，靜置約15分鐘。

❷洋蔥與青椒切成寬1cm的薄片。大蒜切片。

❸擦乾步驟①雞肉的水分，切成適口大小，撒上薄薄一層的低筋麵粉。平底鍋倒入芝麻油燒熱，雞肉帶皮的那一面朝下放入鍋內，煎至酥脆（火不要太大）。

❹雞肉翻面，一邊兩面翻煎，一邊加入大蒜炒至香脆，再加入洋蔥、青椒（請注意保留食材口感，避免炒太爛），倒入調味料拌勻，食材熟了即可熄火。

❺盛飯，鋪上撕碎的海苔，最後鋪上步驟④的食材即完成。

麵疙瘩

麵疙瘩不論是家庭料理或外食料理都是高人氣的平民美食！麵體咕溜地滑進喉嚨，容易入口且不辣。湯底為牛腱高湯，對腸胃十分友善。

材料（2人份）

牛腱湯（參考P.94）…500cc
小魚乾（挑去頭與內臟）…4g
馬鈴薯…1/2個
櫛瓜（或韓國小南瓜）…1/2條
新鮮海帶芽…40g
酒…1大匙
淡口醬油…2小匙
白胡椒粉…適量

作法

❶馬鈴薯切成厚5㎜的半月形，泡水。櫛瓜切成半月形，海帶芽切適口大小。

❷牛腱湯與小魚乾慢火加熱，放入馬鈴薯，等馬鈴薯煮軟、小魚乾釋出味道，加入酒、櫛瓜，以醬油與白胡椒粉調味，倒入水煮的麵疙瘩，沸騰即熄火。盛入湯碗，鋪上海帶芽即完成。食用前可依喜好放上小魚乾。

○麵疙瘩

低筋麵粉…80g
白玉粉…10g
鹽…1小撮
全蛋液…1大匙
水…2大匙

作法

❶低筋麵粉、白玉粉、鹽倒入大碗中，以筷子攪拌後再加入蛋、水混勻（視麵團軟硬度酌量加水）。麵團整體拌勻後取出，反覆摺疊10至20次排出空氣，再揉成圓形，以保鮮膜包覆放進冰箱冷藏，醒麵30分鐘至1小時。

❷將完成醒麵的麵團放至砧板上，先以擀麵棒擀薄，再以菜刀切成邊長約5cm的方塊，以熱水煮，浮起即撈出，放入湯裡即可食用。

韓式拌麵

拌麵和拌飯一樣作法簡單，且皆混合了各種蔬菜，我家習慣會加入醃蘿蔔。可活用冰箱內現有的食材作為配料，蔬菜可多一些，不但可增加口感，色彩也會比較繽紛。

材料（1人份）

素麵…1把
碗豆莢（水煮）…30g
胡蘿蔔…30g
小黃瓜…50g
醃蘿蔔…20g
紅甜椒…30g
蛋絲（參考P.82）…1/2顆的分量
白芝麻…適量

A

苦椒醬…1大匙
黍砂糖…1/2小匙
淡口醬油…1/2小匙
芝麻油…1小匙

作法

❶胡蘿蔔、小黃瓜、醃蘿蔔、碗豆莢、甜椒全部切絲。

❷素麵水煮後瀝乾、放涼，盛盤後鋪上蛋絲、步驟①的所有食材，再倒入充分混合的材料A，最後撒上白芝麻即完成。

冷麵

在清爽的冷麵中鋪放各種配料，一次享受到不同食材的口感。白蘿蔔、小黃瓜與梨子可排除體內多餘的熱氣，亦有助於預防消化不良。如果以牛腱湯當湯底，很快就能作出滋味豐富的冷麵，一定要試試看唷！

材料（1人份）

韓國冷麵…1袋
牛腱湯（參考P.94）…250cc
淡口醬油…2小匙
白胡椒粉…適量

涼拌蘿蔔

白蘿蔔…70g
辣椒粉…1/2小匙
黍砂糖…1/2小匙
鹽…少許
醋…1大匙

涼拌小黃瓜

小黃瓜…1/3條
鹽…少許
淡口醬油…1/2小匙
芝麻油…1小匙
大蒜（磨泥）…少許
白芝麻…1/2小匙

梨子（或西瓜）…約1/8個
泡菜…適量
水煮蛋…1/2顆
芥末醬、醋…各適量

作法

❶牛腱湯、醬油、白胡椒粉倒入湯碗中混勻，放進冰箱確實冷卻。

❷白蘿蔔切成厚5mm的圓片再切絲，拌入少許鹽（分量外），出水後輕輕抓拌，再快速以水沖淨、擠乾，倒入大碗內，加入辣椒粉拌勻，再加糖、鹽、醋拌勻。

❸小黃瓜切圓片拌鹽，出水後輕輕抓拌，再快速以水沖淨、擠乾，倒入大碗內，加入淡口醬油、芝麻油、大蒜、白芝麻拌勻。

❹梨子削皮切薄片，泡菜切成適口大小。冷麵煮好後泡冰水，冷卻後確實瀝乾。

❺將冷麵倒入步驟①的湯底中，鋪上步驟②、③、④的所有食材，放上水煮蛋，依喜好拌入芥末醬、醋即可食用。

COLUMN.4

點心&茶

對韓國人而言，韓方的食養概念已經是生活的一部分，在那裡，大家經常喝茶。
喝茶不僅能有助於攝取韓方食材的功效，茶香還能幫助恢復精神。
本單元介紹幾款人氣茶飲，以及簡單易作的點心。

紅棗茶

糖衣堅果

五味子茶
柚子茶
薑茶

糖衣堅果

材料（易作的分量）

各種堅果
（核桃、長山核桃、杏仁果等）
…共60g
白芝麻…10g
水…30cc
黍砂糖…20g

作法

①小平底鍋中倒入各種堅果、芝麻，乾煎後取出。
②將水、砂糖倒入鍋中，砂糖溶化後再開火，不翻攪糖水，而是轉動平底鍋，煮至糖水正中間也冒泡沸騰，倒入堅果、白芝麻，快速翻炒，熄火。鍋中食材冷卻後，掰成小塊即可食用。

〔茶的種類&沖泡方式〕

紅棗茶

紅棗有助於溫熱身體、補血、美肌、延緩老化、改善失眠。將乾燥的紅棗洗淨，縱向劃刀。土鍋中倒入1L水、50至80g乾燥紅棗，煮沸後轉小火，熬煮30分鐘至1小時即完成。

柚子茶

柚子汁有助於健胃，可幫助消化。柚子皮有助於緩解咳嗽、化痰，且能提升體氣循環。若平時覺得壓力較大，建議可作為日常茶飲；若希望保健喉嚨，建議使用蜂蜜醃漬。

薑茶

生薑具溫熱效果，有助於改善寒冷所引起的胃痛、喉嚨疼痛導致的聲音沙啞，對於咳嗽、生痰等感冒症狀也有緩解作用。將生薑切片後水煮，切絲沾糖或沾蜂蜜食用。也可使用薑粉，以熱水沖泡後飲用。

五味子茶

顧名思義，五味子茶包含了苦味、甘味、酸味、鹹味與辣味共五種味道，能夠溫潤身體，有助於滋養身體、美肌、緩解便祕。1L水加入50g乾燥五味子，浸泡一晚後再依個人喜好加糖飲用。

韓方の日常

韓國人重視飲食，總是充滿元氣、散發活力。
因為想瞭解韓方如何融入日常生活，我造訪了首爾，
在旅途中，遇見了一些人、食材、市場與家庭……

首爾の飲食生活

在熱鬧滾滾的市場 感受韓國大嬸們的活力四射！

韓國市場不論什麼時候都充滿能量！高高堆起的辣椒與中藥材、新鮮的海鮮、大量的雞肉、珍貴的乾貨、種類豐富的蔬菜等等，一旁則是成排的小吃攤，隨時擠滿客人。煎餅、蛋捲、刀削麵……美味料理琳瑯滿目，其中更是少不了韓式拌飯，可依個人喜好自由組合配料與醬汁……散發活力的市場小吃格外美味，而且就算不吃，光是穿梭其間就覺得樂趣無窮。

在市場工作的幾乎都是大嬸們，元氣滿滿、活力十足，她們總是扯大嗓門，生氣勃勃，也許有時候好管閒事，卻不失熱情，散發著濃濃的人情味。當我東張西望閒逛時，總是東一句「這個吃吃看」，西一句「這個一定要試試」。見我咔滋咔滋吃著美味的南瓜乾，大嬸索性裝了一袋讓我拿著吃，我忍不住說：「哇！真開心，我就買吧！」大嬸還會大方地算我便宜一些。

迷路時，她們也像熟人般為我指引方向。我相信，身心充滿力量才能夠溫柔待人，而能夠熱心助人，正代表著身心健康、精神富足。如果能夠將韓方導入日常飲食中，即使到了五、六十歲，我應該也會像這些大嬸們一般活力四射吧！

學習韓國女子の美麗&健康

民以食為天，「吃」是生活的中心

寄宿於首爾時，寄宿家庭的大嬸雖然一個人生活，家中卻有兩台冰箱，冰箱中裝滿了各式食材與調味料，這讓我相當驚訝。嚴冬時節，陽台甚至存放著大量的泡菜——可見「吃」在生活中所占的地位不可小覷。

一開始到韓國的寄宿家庭時，我的身體狀況不太好，等到要返回東京時，我已經變得非常健康。停留在韓國的這段期間，我除了幫忙大嬸作菜之外，也一直吃著大嬸料理的美味飯菜。

我會和大嬸一起到附近的超市與店鋪，選購當季盛產的海鮮與蔬菜，每日三餐都吃得相當豐盛。有一段時間剛好是牡蠣的產季，我吃了很多，而牡蠣補血，能夠大幅提升免疫力。大嬸每餐都會煮一鍋湯，也會在飯裡添加有益健康的紅棗或黑豆等食材。日本近年流行吃五穀米，其實我家從以前就是吃五穀米，韓國人更是如此。大嬸的餐桌上總是擺滿各式各樣的料理，常見的有涼拌苦味野菜、烤碟魚乾佐藥念醬、泡菜……

儘管不是每一道料理都大費周章，但全是當季盛產的新鮮食材，餐桌上的菜色也會顧及「五味五性」平衡。在韓國，這樣的韓方飲食很自然地融入生活中，我在韓國居住的這段期間，身體愈來愈健康，吃好、玩好、睡好，常常笑得很開心。

對韓國人而言，以食物調養身體是很自然而然的「生活習慣」，不必使用特殊的食材，以當季盛產的海鮮、蔬菜就能很好地落實「食療」的概念。食得健康，就能活力充沛，天天都能精神飽滿。

好好吃飯，向健康&美麗邁出第一步

首爾女性不分年齡，大多肌膚細緻美麗，而且充滿能量，神采奕奕。因為喜歡自己、重視自己，所以才會這麼有自信吧？韓國人對老奶奶十分敬重，很珍惜家族的相互支援。大部分家庭都由女性主持料理三餐、維繫家人健康，女人們也順理成章地傳承了食養理念：「以吃打造自己與家人的健康與美麗。」

韓國人很習慣以「吃飯了沒？」作為打招呼的用語，對他們而言，飲食就是生活的中心，這樣的招呼用語傳遞的是「好好地吃」及「打從心底享受吃」的概念。韓國女人不論年輕或年長，食量都不會輸給男人，對她們來說，「不吃早餐」簡直是超乎想像的事。

近年來，我們愈來愈能夠得知世界各地所流行的飲食習慣，也似乎有愈來愈多人把歐美的果汁與沙拉帶進生活中，但這些食物與飲食方式未必符合東方人的體質。歐美人種的飲食方式，對於腸胃容易虛寒的東方人而言，有可能造成身體上很大的負擔，這一點希望大家能明白。

不僅如此，市面上目前充斥著令人眼花撩亂的健康與美容資訊，但我認為，第一要務應該是好好瞭解自己的身體，知道自己現在需要的是什麼，而不是盲目地跟隨流行。例如快感冒時應該吃一些有暖身效果的料理，如果胃不舒服就應該吃容易消化的料理，自己要

懂得如何照顧好身體。我和韓國女性相處之後有個感想，那就是不怠慢自己，要重視身心健康，我們每個人都應該蓄養能量，讓自己能夠隨時元氣滿滿，享樂人生。

本書所介紹的料理不在求新或追逐流行，我設計這些食譜時是帶著期望的，希望女人們都能認真地犒賞自己的身體，並提高飲食意識，將韓方的傳統與優點應用於日常生活。請好好享用一日三餐吧！持續不斷地如此生活十年、二十年，相信你一定能擁有健康且快樂的自我。

食器&廚具

【鋁・不鏽鋼】

自1960年代開始，鋁製與不鏽鋼製的廚具與食器逐漸普及。在工業發展上，有些鋁製食器的應用由來已久，而不鏽鋼製食器遇水或遇火不易變色，十分方便實用。這些金屬製品不易殘留食材味道，常用來存放泡菜或作為便當盒使用。以前的食器大部分較薄，近年來有許多講求厚度的設計問世，而且模樣可愛討喜。

大碗有深淺之分，大多用來盛裝湯與飯。有一位古董器具店的大嬸說，因為碗壁很薄，打入蛋液放進蒸具內，很快就可以完成蒸蛋。也許有人不解薄碗的好處，認為碗那麼薄，難道不會燙手嗎？其實我們應該先認識韓國人的習慣，與日本人不同，他們是將碗直接放在桌上，再以湯匙與筷子取用菜餚，所以即使碗身是燙的也沒有關係。這一類大碗大多是寬口設計，應該就是為了便於放在桌上攪拌與取用食材。

【陶器】

西元1910年至1945年期間，日本統治韓國，當時許多日式陶器被帶入韓國。這些陶器大部分比較厚實，有的只是簡單地上素樸白釉，也有印判（以蓋印的方式將紋樣印在器物表面）、手繪的樣式。日本二戰時期廣泛使用的鑲藍邊國民食器也輸出至韓國，韓國也有針對日本人習慣所製作的陶器，但那個時候的韓國一般還是使用金屬製餐具為主，陶器還沒有大幅度地進到日常生活中。1900年代初期的陶器，釉藥垂流，質感有別於現代陶器。

【木器】

直到1900年代初期，韓國才開始比較常使用木製餐具，現在則較少見。在韓國，木製家具較常見，大多使用赤松木，以腳動轆轤粗磨再上漆。量產的木製餐具大多可見手工修飾的不平整感，散發出素樸可愛的質感。

【湯匙&筷子】

韓國以湯匙和筷子用餐，在1950年代之前，一般家庭大多使用銅製品，直到鋁製與不鏽鋼大量生產後才慢慢有所改變。韓國人的餐桌上一定會有一道湯，也很常一邊拌調味料，一邊品嘗料理，而不論是喝湯或拌食，絕對不能少了湯匙，對韓國人而言，湯匙是使用頻率極高的好用食器。小湯匙稱為「藥匙」，大多用來攪拌韓方藥，讓藥溶於水後喝下。有些湯匙會雕上線條，造型和把手設計也各異其趣。

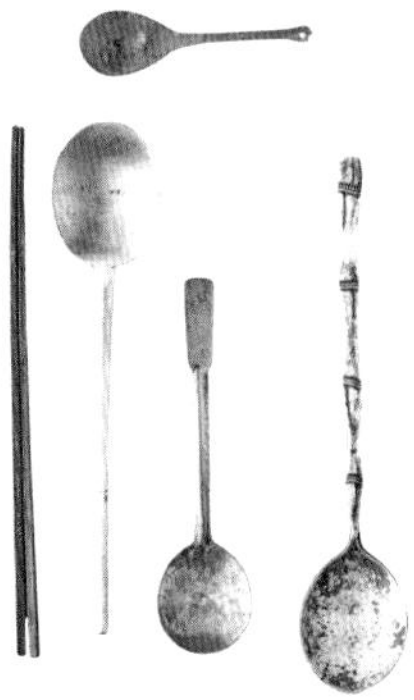

【米鑵】

不論現在或過去，韓國人都以穀物為主食。家庭穀物大多存放在甕中，取用時再以米鑵取出。現在大部分的家庭都已改用塑膠量杯，木製的取米器皿已難得一見。以前韓國內陸使用的是木製的圓形無柄米鑵，濟州島則是細長形，因地而異。傳統的米鑵在料理過程中可能派不上用場，但是可用來盛裝水果或點心，質感倒是不錯。

【手編置物籃】

以前有不少籃子或篩網以自然素材編織而成，大多當成廚具或農具使用。對早期的韓國人而言，這些物品大多來自於家庭手工，或來自於村裡販售編織籃的店鋪。原材料除了竹、籐、稻稈或麥稈之外，還有一些特別的植物纖維。現代仍有不少堅固的手作品，有的還融入了歐洲的流行元素，其中不少也是日本人喜歡的造型。現在一般家庭還會經常使用的是籐編籃，其餘器具大多已被塑膠製品或不鏽鋼製品所取代。

自然食趣 28

女子韓式食養餐桌

主餐＋風味蔬食＋湯品＆鍋物＋飯＆麵

作　　者／青山有紀
譯　　者／瞿中蓮
發 行 人／詹慶和
總 編 輯／蔡麗玲
執行編輯／李宛真
編　　輯／蔡毓玲．劉蕙寧．黃璟安．陳姿伶．陳昕儀
執行美編／韓欣恬
美術編輯／陳麗娜．周盈汝
出 版 者／養沛文化館
發 行 者／雅書堂文化事業有限公司
郵政劃撥帳號／18225950
戶　　名／雅書堂文化事業有限公司
地　　址／新北市板橋區板新路206號3樓
電子信箱／elegant.books@msa.hinet.net
電　　話／（02）8952-4078
傳　　真／（02）8952-4084

2019年7月初版一刷　定價 380元

國家圖書館出版品預行編目(CIP)資料

女子韓式食養餐桌：主餐＋風味蔬食＋湯品＆鍋物＋飯＆麵 / 青山有紀作 ; 瞿中蓮譯.
-- 初版. -- 新北市：養沛文化館出版：雅書堂文化發行, 2019.07
面；　公分. -- (自然食趣 ; 28)
譯自：女性のための養生ごはん：食べて元 になる韓方の知恵
ISBN 978-986-5665-74-6(平裝)
1.食譜 2.韓國
427.132　　108007826

Staff

攝影／神林環
カズノコ（P.4-P.5、P.132-P.137）
設計／藤田康平＋古川唯衣（Barber）
道具協力／椹木知佳子（Kit）
採訪・撰文
（P.2-P.3、P.10-P.17、P.132-P.137）／海出正子
校閱／西進社

經銷／易可數位行銷股份有限公司
地址／新北市新店區寶橋路235巷6弄3號5樓
電話／(02)8911-0825
傳真／(02)8911-0801